高等院校工业设计类“十三五”规划教材

总主编　朱钟炎　范圣玺

U0190061

产品形态设计

PRODUCT FORM DESIGN

主编　高雨辰

中国海洋大学出版社
·青岛·

图书在版编目（CIP）数据

产品形态设计 / 高雨辰主编. — 青岛：中国海洋大学出版社，2016.11（2021.05重印）
ISBN 978-7-5670-1309-4

Ⅰ. ①产… Ⅱ. ①高… Ⅲ. ①产品设计—造型设计 Ⅳ. ①TB472

中国版本图书馆 CIP 数据核字(2016)第 307769 号

出版发行 中国海洋大学出版社
社　　址 青岛市香港东路 23 号　　邮政编码 266071
出 版 人 杨立敏
策 划 人 王　炬
网　　址 http://pub.ouc.edu.cn
电子信箱 tushubianjibu@126.com
订购电话 021-51085016
责任编辑 王积庆　　电　　话 0532-85902349
印　　制 上海万卷印刷股份有限公司
版　　次 2017 年 1 月第 1 版
印　　次 2021 年 5 月第 2 次印刷
成品尺寸 210 mm×270 mm
印　　张 9.5
字　　数 271 千
印　　数 3001～5000
定　　价 55.00 元

总序

《中国制造2025》是国务院总理李克强在第十二届全国人民代表大会第三次会议上提出来的，旨在坚持创新驱动、智能转型、强化基础、绿色发展，加快从制造大国转向制造强国。围绕创新驱动、智能转型、强化基础、绿色发展、人才为本等关键环节以及先进制造、高端装备等重点领域，提出了加快制造业转型升级、提升增效的重大战略任务和重大政策举措，力争2025年前从制造大国迈入制造强国行列。

在此发展方针的指导思想下，工业设计更加注重跨学科的交叉，集成知识，整合创新，跨界探索新的技术、新的形态、新的服务和设计实践。《中国制造2025》也将“人才为本”作为基本方针之一，坚持把人才作为建设制造强国的根本，培养素质优良、结构合理的制造业人才队伍，这也是开设工业设计专业课程的宗旨。在当今重视大众创业、万众创新的形势下，培养工业设计专业人才显得更迫切和更重要。

工业设计教育该如何培养适应新发展需求的工业设计专业人才？本系列工业设计类专业教材正是在信息化和全球化深度发展的时代特征下，适应设计环境的改变、设计对象的改变和创新模式的转变而及时推出的，适应了时代发展和人才培养的需求。

本系列教材编写团队整体构成合理、实力雄厚，由长期从事工业设计教学、科研的高校老师，资深设计总监、技术总监，双师型的专家学者等组成。本系列教材强调团队合作，集整体团队智慧、经验于一体，以高度的责任感，对每册教材的框架、内容、教学环节等进行了多次研讨，融入了务实创新的教改精神。其具体特点如下：

一、系统性。考虑了工业设计专业学科的知识系统，内容涵盖设计史论与方法论、设计技术类、设计表达类和设计实践类四大板块。

二、实用性。教材内容注重与设计行业的结合，教材的编写团队由一线设计教师和知名企业的设计总监或设计从业人员组成，充分体现了理论和实践相对接、学以致用的特点，如《形态基础与产品设计》《创新产品设计表现》《产品系统设计》等教材。

三、时代性。本系列教材注重与时俱进。时代在进步，设计内容也在发展。顺应现代设计的发展需求，教材既注重对设计传统行业的重塑，也兼顾设计学科的跨界探索，如《产品交互设计》《产品设计数字化表现》《产品用户调查》等教材，适应了现代设计的发展需求。

此外，本系列教材考虑产品设计、产品类别的宽泛，因此配套内容考虑较全面，既保持了工业设计学科的规范性和完整性，也体现了工业设计学科发展的前瞻性、系统性、交叉性及实践性，能够适应高等院校工业设计专业教学的需求。通过对本系列教材的学习，学生可以全面提高工业设计专业理论水平及应用能力。同时，本系列教材对相关专业人员也具有较高的参考价值。

朱钟炎　范圣玺

2015年11月

前言

产品形态设计一直是工业设计学科核心课程之一，是贯穿产品设计过程中的重要环节，它是设计从思考到最终成型的综合呈现。产品形态设计课程的讲解能够使学生在实践中有法可循，了解各种产品形态背后所依托的构成要素和设计思想，并从材料和加工工艺方面了解产品形态设计的边界。

简单来说，产品形态就是产品与使用者进行交流的语言。产品形态语言是一个能动的过程，包含了3个环节：第一个是设计师把他的设计思考反映在产品的形态里，传达产品的个性特征和精神内涵，发挥形态语言的感性魅力；第二个是单纯的产品形态属性，也就是产品形态语言的载体；第三个则是消费者在使用产品时对设计师想要传达的设计理念的一种认知，对设计师通过产品形态所传达出来的信息的理解和反馈。对第一和第三个环节心理因素的研究，可以让我们更深入地理解产品形态这种特殊的语言。

本书首先从点、线、面、体四个特征全面分析了产品形态设计中的构成要素；其次从设计原则、环境、文化、材料、消费人群、设计风格和产品定位等角度分析了这些因素对产品形态设计的影响；接着从产品形态的组合方式和设计方法上为产品形态设计提供了指导；最后以德国、斯堪的纳维亚地区、日本、美国的具体设计为研究对象，对产品形态设计的综合运用进行了大量的分析列举。从设计史中的功能主义、流线型运动、美国商业主义、国际式样、有机设计、后现代风格、波普主义等来分析产品形态语言中心理因素的影响。与同类作品相比，本书新增了近几年来获奖或知名度较高的设计案例，把握了工业设计未来产品形态的新趋势，并结合时代发展的新风潮，选用了活泼的、贴近学生生活的设计案例，更能吸引学生的注意力。

本书在编写过程中，编者的研究生汪海溟、寇开元也参与了部分图文的编辑工作，在此对他们一并表示感谢。

由于编者水平有限，书中难免有疏漏之处，敬请广大读者给予批评指正，不胜感谢！

编者

2016年11月

教学导引

一、教材适用范围

产品形态设计是工业设计专业重要的核心课程之一，是学生掌握产品形态设计的有效途径。课程以研究产品形态设计为主导，以工业设计史发展过程中和新时代背景下的著名设计案例为依据，通过对产品形态形成过程的构成要素分析和设计思想研究，启发学生对产品形态设计内在研究的兴趣。本教材适用于高等院校工业设计专业师生，是相关课程的教学参考用书，也是社会相关工业设计师培训的针对性教材。

二、教材学习目标

1. 了解环境、文化、消费人群、设计风格和产品定位等对产品形态设计的影响。
2. 掌握产品形态不同类型的设计风格特征。
3. 熟悉产品形态设计相关的材料和加工工艺。
4. 培养学生对产品形态设计系统、全面、创新的感知能力，使学生明确在纷繁的产品形态设计背后的设计思想的重要性。

三、教学过程参考

1. 资料收集。
2. 案例分析。
3. 作业循序渐进。
4. 进程汇报与点评。
5. 作业完成与反馈。

四、教学实施方法参考

1. 课堂演示。
2. 资料收集。
3. 案例讲解。
4. 过程完整。
5. 分组互动。
6. 作业评判。

建议课时

总课时：64

章　节	内　容	课　时
第1章	产品形态设计概述	6
第2章	产品形态设计的构成要素	12
第3章	产品形态设计的影响因素	14
第4章	产品形态设计的表现	12
第5章	产品形态设计的方法	12
第6章	产品形态设计案例赏析	8

目录

第1章　产品形态设计概述

产品设计是工业设计的一个重要组成部分，而形态是产品设计的最终载体。造型是有机能的形态，是能创造附加价值的功能形态。如果说产品设计中的使用功能是为了充分满足物质需求，那么在满足人们日益增加的精神需求中，产品所能表达的内在含义在设计中愈来愈受到人们的重视。产品的内涵是由展现在外的产品的形态来表达的。在造型过程中，会涉及心理学、人机工程学、材料、色彩、传统文化、形态语义学等方面的内容，只有将这些内容有机地融合起来才能恰如其分地将产品的内涵传达给顾客。产品是通过形态与使用者进行沟通和交流，形态给予人的认识是因人而异的，越是由深层理念支配的形态越是能在产品与人之间起到沟通的作用，也就越能赢得顾客的心理共鸣，所以工业设计的价值意义就展现在了造型活动过程中，让产品不断具有新的活力，新的具有自己内涵的造型。本书将分析和归纳在产品造型中，形态与人机工程学、材料、色彩、语义学、符号学、心理学等方面内容之间的相互关系，旨在使产品形态能更恰当地表达内涵，对设计过程起到一定的借鉴意义。

1.1 产品形态的概念

1.1.1 什么是形态

何为形态？形（shape）：我们所说的“形态”包含了两层含义，“形”通常是指一个物体的外在形式或形状，任何物体都是由一些基本形构成，如圆形、方形或三角形等；“态”则是指蕴涵在物体形状之中的“精神势态”。形态就是指物体的“外形”与“神态”的结合。在我国古代，对形态的含义就有了一定的论述，如“内心之动，形状于外”，“形者神之质，神者形之用”等，指出了“形”与“神”之间相辅相成的辩证关系。形离不开神来充实，神离不开形的阐释，无形而神则失，无神而形则晦，形与神之间不可分割。可见，形态要获得美感，除了要有美的外形，还需具有一个与之相匹配的“精神势态”，方能达到“形神兼备”。中国的书法可以说是诠释形态概念的一个很好的例子。当人们欣赏一幅书法作品时，例如同一个“福”字（图1-1-1），通过字形笔画的结构、笔墨的浓淡干湿等变化，却能感受到不同书写者用笔时的速度和力度，或苍劲有

图1-1-1　传统书法

力，或柔美委婉，或行云流水，或抑扬顿挫。甚至可以通过字的结构变化与外形特征，感受到书法家的气质和品格。这正是中国历代书画家在创作时所追求的境界——“形神兼备”。

从设计的角度看，形态离不开一定物质形式的体现。以一辆汽车为例（图1-1-2），当我们看到四个车轮时，便知晓它是一种能运动的产品，车室内部的设计揭示了产品的基本承载方式和功能内涵，而车外壳的材料、车头和车室以及车尾的整体连接形式等不仅反映出了产品的基本构造，同时也强调了产品的外形势态。因此，在设计领域中产品的形态总是与功能、材料及工艺、人机工程学、色彩、心理等要素分不开。人们在评判产品形态时，也总是要与这些基本要素联系起来。因而可以说，产品形态是功能、材料及工艺、人机工程学、色彩、心理等要素所构成的“特有势态”给人的一种整体视觉感受。在对比中不难发现，形态与形状的本质区别是由外形特点引起的心理效应，也可以认识为“态势”“姿态”“动态”“神态”。可以把这种态势看作是产品形态的“生命”和“魂”之所在。

图1-1-2　汽车设计

形态的研究其核心是对形态“态势”或“生命态”表现的研究，这是在设计中为形态注入感人魅力的基本切入点。

1.1.2 形态的分类

事物的分类是系统认识事物的一种方法。由于事物都是复杂多变的，因而必然会产生不同的观察侧面。看待事物的角度不一样，其分类的方法也不一样。形态分类概括起来主要有如下几种。从形态的感知方式分，有具象形态和抽象形态。从形态的空间维度分，有平面形态和立体形态。从空间感知程度分，有消极形态和积极形态。按照形态与人类知觉关系的紧密程度，可以分为概念形态与现实形态（图1-1-3），这种分类方法反映了形态创造的过程与结果，是目前最常用的一种分类方法，较为科学与实用。

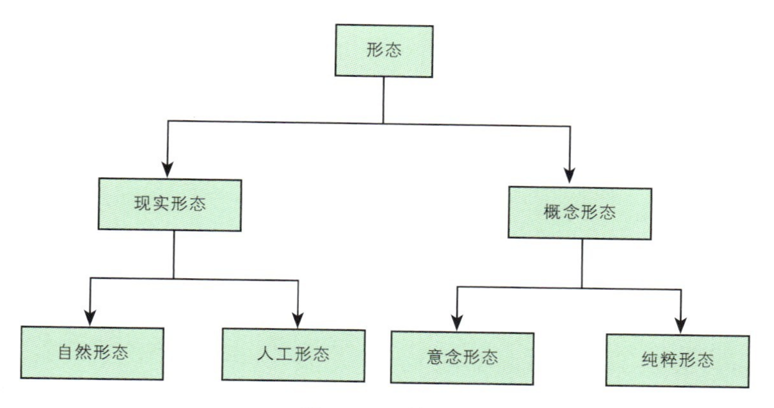

图1-1-3 形态分类

1.1.2.1 现实形态

现实形态可以分为自然形态和人工形态。自然形态又可以分为生物形态（包括动物造物形态，如鸟巢、蜘蛛网等）和非生物形态。生物形态和人工形态都有其特定的机能。现实形态都有特定的材料结构，又是材料结构的外在表现形式。

（1）自然形态

自然形态是靠自然力以自然规律生成的，不涉及人工性的材料及制作工艺问题，如山川、河流、花草树木、兽禽虫鱼等，如图1-1-4、图1-1-5所示。自然形态既包括以上种类的整体形态也包括它们的局部形态，如非生物的材料分子组织及微观形态和生物体的组织及细胞等；还包括它们的运动状态，如浪花等。

非生物形态一般指无生命的形态，如云朵、浪花、山石、河流、星云等，也被称为无机形态。生物形态指有生命的或者曾经有生命的形态，也叫有机形态。生物赋予生命的活力，大多以曲面或者曲线显现出饱满而柔和的美。非生物形态是自然界各种没有生命的物质形态，它们通过物理的、化学的作用而形成，与生物形态一起构成了丰富多彩的自然形态。另外，在形态设计中，有机形态的意义有时具有更广的含义，即凡是具有生命感的形态都是有机形态。

图1-1-4 花瓣自然形态

图1-1-5　自然界中的山川河流形态

自然界万事万物的形态都是在内因和外因综合作用之下产生和发展的，当内因和外因达到某种平衡（即与外界相适应、相符合）时，便形成了相对稳定的形态，否则就会被自然所淘汰或改变。现在我们所看到的各种自然形态都是经过千百万年的运动与变化而形成的，是自然发展的必然趋势。我们可以从大陆的板块运动、生物的生长和进化等自然现象来印证这一点。作为设计工作者应十分重视和留心观察自然形态。自然形态对我们研究、分析和设计形态都具有非常重要的参考价值和借鉴作用。我们的科学、技术、文化、艺术都直接或间接地来源于对自然形态的模仿。对自然形态的观察和分析也是设计师的基本素质之一。自然形态是人类创造形态的巨大宝库和启发源，所以研究和认识自然形态是形态设计最重要的方法。人类历史上许多成功的设计作品都受到过自然形态的启发，如悉尼歌剧院、雷达等。

（2）人工形态

人工形态是人类用一定的材料，利用加工工具创造出来的各种形态。人工形态都有其特定的使用环境和目的性（功能等），例如我们使用的各种家用电器、交通工具、建筑、家具、机械设备，等等。人工形态与自然形态的区别在于它们的产生方式不同。自然形态的形成主要凭借自然外力和自身的内部系统综合作用得到的，而人工形态则是按照人的意志，借助自然与人工条件以及内部系统综合作用形成的，人的意识对形态起到了决定性的指导作用。如图1-1-6所示的古埃及法老的坟墓——金字塔，法老按照自己的意图，动用了大量的人力物力，采用了当时先进的技术方法建造而成，它的形态形成的各类因素在今天还有许多是未解之谜。

因为人工形态是依据人的意志所产生的，因而它可以最大限度地满足人类的物质生活需求（使用功能）和精神生活需求（审美功能）。人工形态是人类在改造自然的过程中产生的，所以它与人的关系最为密切。它承载着丰富的人类文明信息，如生产力的水平、生产关系、文化、宗教等。

人工形态的形成主要包括两个重要的方面，即材料及其加工工具。它们的发展直接影响着人类社会生产力、生产关系的变化，因此我们可以看到人类的编年史正是以材料和工具的发展进程而进行的：石器时代、青铜器时代、铁器时代等。

人类通过自身的活动，造就了大量的人工形态。可以说，所谓的现代生活就是一种被人工形态所包围的生活。从历史古迹到高楼大厦，从家里一应俱全的设施到贴近自然的园艺化公园……无处不在的人工形态都是人类文明的杰作。

图1-1-6　埃及金字塔

工业产品作为工业设计的主要对象是人工形态中重要的组成部分。人工形态的设计是造型设计的主要内容。

人工形态是按照人类自身的需要，在自然规律的约束下，以人为的方法制造出来的形态。这里所讲的人工形态主要是指最终被实现的形态，不包括设计阶段的构思形态，如投产上市的产品形态，竣工使用后的建筑形态等。一般来讲，一个成功的人工现实形态在形态的材料、功能、工艺、社会及经济价值等方面都是相对合理的。人工形态许多的原型都来自于自然形态，因为人类自身来自于自然，人的心理、生理是以自然为参照物的，受自然的约束，人的审美心理的许多原则（统一与变化、对称与均衡、比例与尺度等）也是来自于自然。人工形态应是意念形态在材料、功能、工艺、社会及经济价值等方面合理整合的结果。现实形态是人们形态创造的唯一参考资料和创意源泉，也就是说意念形态来自于现实形态，要进行纯粹形态的设计必须首先进行现实形态的积累、分析、选择、重组与创造。

1.1.2.2 概念形态

概念形态属于主观形态，它虽以客观形态为母体，但它是人思维的产物，是人工现实形态的雏形。概念形态包括意念形态和纯粹形态两个方面。

意念形态是在现实形态的基础上抽象提炼出来的形态。它只存在于人类的经验和思维中，不能被人感知，也不具有实在性。而概念形态属于设计形态，是设计师依据自己的目标概念以图形、模型、样机等表现方式表达出来的可视形态，是形态设计的基础。为了使只存在于头脑中无法被感知的意念形态获得视觉的可感性，可以借助一定符号系统将之表现出来，这就是纯粹形态。纯粹形态是意念形态的粗略体现，它只是近似意念形态，不能完全表达意念形态的内涵。如几何学中的点、线、面，即是典型的意念形态。作为只有位置而没有大小的意念形态，是人类抽象思维发展的必然产物，反映了人类理性水平的进步，因为纯粹形态属于主观性理论形态，实际上是不存在的。两直线相交而成的点理应是无大小和形状的，而事实上无论人们画多小的点，它总是有大小和形状的。同理，纸上所画的很细的直线，如果将其放大几百倍，就可以发现它并不是直线，而是边缘有许多不规则锯齿状的带形区域；如果放大几百万倍，则更是另一番奇景。

纯粹形态又可分为基本形和复杂组合形，基于纯粹形态的基本形和复杂组合形的有目的的形态设计体系，应该是形态的构成设计理论方法体系。而仿生等形态设计主要是基于生活中的印象意念形态，设计者捕捉形态并不是基于自然形态的几何形状，而可能是从形态的心理感受和形态机能出发的。当然，任何一个复杂的自然形态总可以理解为不同数量的几何形状组合和变形的结果。至此，无论是纯粹形态还是意念形态，当被设计者有目的地选择组合时，它们都变为设计性的概念形态。

人们在形态设计的初期总是依据生活中的记忆，根据自己的知识积累和生活阅历或参考相关资料收集大量的形态信息，然后在头脑中开始有一些模糊的形态影子，这些形态处于不可捉摸的状态，这是意念形态的初始状态。对这些形态信息进行分析、选择、重组、反复构思后得出的可视化形态就是概念形态。它在功能、结构、工艺等方面尚未完全定型，但它是形态转化为现实的基础，我们平时说的产品概念设计即属于此类，其主要特点是创新性与不完全确定性。由于概念形态是抽象的、非现实的，因此常常以形象化的图形、符号来表示，例如几何图形、文字符号、构思草图、效果图等。另外，一些自然形态之中的有机抽象性、偶然性在多数情况下没有具体的含义，而形态又具有几何学的特征，常被放在概念形态之中来加以研究。

需要指出的是，形态在这里被划分为若干个类别，主要是为了让我们更深入地理解形态这一概念。我们在分析形态时应该认识到以上这些类别绝不是孤立的，而是相互联系的，例如园林中被修剪成各种形状的树木，既是一种自然形态，也是一种人为形态。在分类中应着重把握各种形态的基本特征，而非局限性地将形态分门别类。分类的目的不是机械地分割，而是为了理顺关系，加深认识。

自然形态千姿百态，而实际上又都蕴含着基本的几何形态原型。著名设计大师科拉尼说，“地球是圆的，所有的星际物体都是圆的，而且在圆形或椭圆形的轨道上运动……甚至连我们自身也是从圆形的物种细胞中繁衍出来的，我又为什么要加入把一切都变得有棱有角的人们的行列呢？我将追随伽利略的信条：我的世界也是圆的。”著名的艺术大师塞尚说过，“自然界的物象，都可以简化为球体、圆锥体、圆柱体的构成。”他把自然界中繁杂的形态还原到单纯的几何形态之中，以数个几何体代表所有形态的基本特征，这种对形态的认识对后世影响很深。例如在学习素描时，老师要求我们把各种复杂形态归纳为一些简单的几何体，以便有效地把握形体特征，就是这个道理。

概念形态的设计是追求形态自律性的创造性活动。它是以形态本身的视觉或心理感受为核心的功能、材料、结构的综合性创新思维过程，但这一阶段对于工业设计来说，其形态的视觉感受性是第一位的，在形态设计过程中始终要注意这一点。形态的设计过程中概念形态要素主要是由以下因素决定的（图1–1–7）。

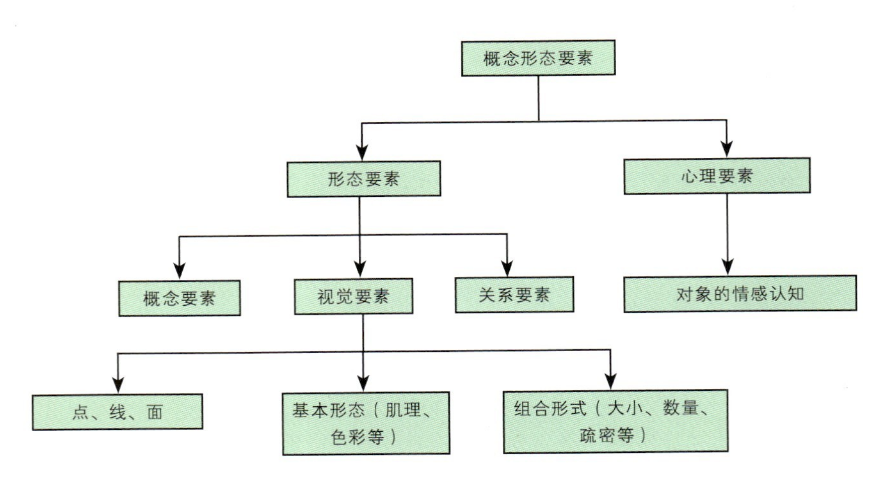

图1–1–7 设计过程中的概念形态要素

1.1.3 产品形态的相关概念

产品是被批量生产出来的满足人们某些特定需求的物品，这种需求包括物质和精神两个方面，也就是产品的使用功能和审美功能这两种属性。产品首先要满足一定的使用功能需求，这是产品存在的先决条件和意义所在，而使用功能的实现又必须依托一定的机构、结构、材料、色彩等物质因素，这些因素综合起来，外在表现为一定的形式。在实现产品使用功能的同时，这些物质因素整体也赋予了产品一定的外形特征，这些特征像是产品的外观表情，使人产生各种各样的生理和心理反应，从而使产品具有某种神态，因此产品也就具有了精神方面的意义，即审美和象征的功能。

这里需要指出几点经常被初学者忽视的问题：第一，产品形态是由材料、色彩、工艺、机构等因素综合呈现的，因此形态不只是产品的外观形状。产品形态是由设计师创意并通过一定的材料、工艺、技术，通过生产来实现的，因此，产品形态的最终实现受材料、结构、工艺、生产条件等诸多因素的限制和影响。所以，设计师除了要具备良好的形态创造和表达能力外，还应该具备良好的材料工艺方面的知识，了解生产工艺和过程，从而更好地实现科学技术与艺术审美之间的结合，创造出丰富多彩的产品。

第二，人们对产品形态的认知是一个受到内因和外因诸多因素影响的复杂过程。同样的一件产品，因为受众所处的环境、背景不同，性别、年龄、文化背景、生活经验、心情等存在差异，得到的心理认知也存在差异，所以，人们对形态的心理感受是复杂的。但是人类具有相似的感觉、知觉特点，对特定事物的形式具有固定的认知经验，因此，在特定的受众人群中存在对形态认知的规律性，只要加以研究就可以应用到设计中去，实现设计意图从设计师到用户的有效传达。

第三，也是最重要的一点，虽然产品形态可以有效传递感情，通过与受众情感上的共鸣来实现消费的目的，但是，形态对产品使用功能的承载是最根本的，如果产品形态不能很好地为产品功能服务，甚至阻碍产品功能的实现，那么再美的形态也只是形式而已，经不起时间和市场的考验。所以，初学者必须首先认识到产品功能实现的重要性，然后再去适当地追求形态的艺术性。

1.2 产品形态设计的特征

产品形态设计是一个相对复杂、不确定的过程。同样的设计专案交予不同的设计师或设计团队，其设计结果可能相去甚远。那么，好的、成功的产品形态设计应该具有哪些品质呢？根据产品设计的目标，从消费者、市场、环境等不同角度，不难得出好的产品形态设计应该具有良好的功能传达性、实用性、美观性、个性、识别性以及环保性。设计的过程是个不断创造的过程，在产品形态设计过程中并没有什么定法，只要遵循一定的设计特征，灵活运用各种设计方法和表现手法，设计难题就能迎刃而解，创造出好的产品形态。从设计的角度看，形态离不开一定的物质形式来体现。在产品形态设计中，也总是与其功能、材料、机构、结构、数理、视知觉、色彩、自然、科技、社会等因素分不开，这也是产品形态设计所研究的重要因素。

1.2.1 功能性

随着社会的发展、科技的进步及物质的极大丰富，产品的功能不再仅指使用功能而出现了极大的延伸和发展，还包括审美功能、文化功能等。利用产品的特有形态来表达产品的不同美学特征及价值取向，让使用者从内心情感上与产品取得一致和共鸣。在产品形态设计中，功能一方面决定了形态，但同时，具有相同功能的产品其形态又会受到诸多因素的影响从而丰富多样，如生活中常见的餐具，不同使用功能的餐具在形态上也会有所区别（图1–2–1）。

叉子、勺子、刀同为进食的餐具，由于作用于不同食物上，其功能形态具有很大的区别。叉子分为抓握手柄和叉头部分，抓握手柄与手接触，主要功能为便于人手抓握；叉头部分与固体类食物接触，主要功能为刺入食物以便稳定或移动食物。勺子的勺头部分偏椭圆弧面也是为了便于获取流体食物并将其送入人的口腔，其容量也恰好是人口腔开合的平均值。

图1–2–1　餐具的种类功能分化

造型特征由其特殊的使用对象所需要的特殊功能决定。移动是所有交通工具的主要功能，但具有相同移动功能的产品却有着千差万别的形态。这些不同的形态受到使用环境、能源动力、承载量、移动速度、材料技术等各方面因素的制约和影响，从而产生了从马车到自行车、从汽车到火车、从轮船到飞机等各种以移动为目的的交通工具（图1–2–2）。

产品从诞生那天起就与人们的生活息息相关，它必须满足一定人的功能需求，因此产品形态是一种为人类生活服务的“工具”，而满足人的功能需求就成了产品最重要的属性，是产品存在的意义所在。产品形态的处理，不仅仅是一种形式美的手段，更体现了产品本身与使用者的最终对话方式，这种对话通过人类直觉的方式，以视觉、听觉、触觉等来体验和接受，以形态形式美的结构为表层目的，以产品形态的性能与使用者潜在需求期望的吻合为终极目标。换言之，产品形态作为功能的载体，在设计过程中应遵循功能传达的原则，即要求产品形态能清楚地表明该产品是什么、干什么用的、如何操作、如何维护等。

图1-2-2　交通工具的变迁

人对产品形态的理解主要是通过产品形态中所体现出的符号特征来形成知觉印象，从而根据以往的生活经验或行为相关联的某种联想来感受产品形态所包含的内容与意义。这一过程称为产品的语义表达。产品形态是体现信息传达的媒介，积淀了人类长期的经验，能直接被人所感知，并伴随着丰富的联想和想象。在漫长的发展历史中，人类形成了许多共同的形态理解，这也是产品形态设计能实现的一个重要条件。符合人类认知共性的形态设计语义传达的准确度较高，而不符合人类生活经验共识的形态设计语义传达准确度较低。所以经常看到这样一些生活中的场景：教室里几乎所有的同学都能准确地开启日光灯、电风扇等公共设施，即便是一间第一次到过的教室，因为这些开关按钮的形态是生活中最为普遍的形式，按或扭，操作的语义提示十分明显。但不是所有人都能快速顺利地掌握一款设计语义含糊的新型手机的使用方式，如某一知名品牌的某款手机形态与传统滑盖手机十分相似，但实际上它却是一款旋转开启的手机，而且旋转中心设计在下端，这与以往的生活经验完全不符，所以误操作频频出现。与此相比，第一款旋转式手机MOTO V70因其外观中的圆形部分对旋转的明显寓意，加上细节设计的考究而深得人心，虽然是一款蓝屏技术的手机，但还是取得了相当理想的市场占有率。后来，摩托罗拉公司延续MOTO V70造型的成功经验，推出了全新技术的MOTO Aura，同样取得了成功（图1-2-3）。

图1-2-3　MOTO V70和MOTO Aura

产品形态设计的实质是综合使用形、色、肌理等视觉要素，通过对一系列视觉符号的编组，来实现对产品功能和特性的表达，即通过产品形态自身而非说明性的文字来告诉消费者这一产品具备什么功能，怎样使用。所以，设计师要通过学习和研究来掌握各种形态与功能提示之间的关系，从而更好地综合利用现有资源并能加以创新，创造出良好的功能形态语言。

除了确切的功能语义表达外，产品形态设计的功能性原则还体现在形态的塑造要符合使用的方便性，即“易用性原则”。这是设计对人性关怀的体现，是创造更合理的生活方式的有效途径。往往在细节上多考虑一点，就能让消费者在使用产品的过程中感受到方便、轻松、愉快，体会到设计的人性化。如图1-2-4所示的这辆防盗自行车，除了在座椅处配备一把巨大的车锁用来锁住后轮之外，它独特的车把还可以拆卸下来当作环形车锁使用。用车把当车锁的最大好处就是，如果小偷破坏了车锁，那么自行车也将无法正常使用，一定程度上抑制了偷窃行为。生活中很多产品都存在这样或那样的使用不便，只要善于发现问题，并勤加思考予以解决，就能给人以惊喜。

图1-2-4　用车把当车锁的自行车

除了要有奇思妙想的本领，还要关注人机工程学方面知识的学习，它往往是提高产品形态功能使用品质的最有效方法。图1-2-5所示的手机设计，就较符合人使用手机时的操作规律。

在产品特别是公共设施产品的设计中，通过对形态的巧妙设计，增加产品的易用性，使产品能方便地为残疾人士提供服务，就是无障碍设计。通过形态细节的设计，使个人产品、家用产品以及公共环境中的产品能被更多年龄和能力范围的人使用，就发展成为通用设计。这样的设计能更好地为更广泛的消费者服务，体现了对弱势群体的关爱，显然具有更高的社会价值。

在电子技术飞速发展的背景下，超大规模集成电路越来越趋向小型化、薄壳化、方盒化，赋予产品形态更多发挥空间的同时，也逐渐磨灭了产品形态和功能间必然的联系性，造成了造型失落、造型趋同的形态危机。这时，就更应该从产品形态创造的功能原则出发，选择符合人类视觉认知传统的形象进行再设计，用比喻、象征等手法告诉消费者新技术下的产品是干什么用的，怎么用的。图1-2-6所示的亚马逊kindle的造型设计就借鉴了传统图书的造型语言，使得产品功能特性容易被人理解，不至于因新技术的出现而完全颠覆人们旧有生活的经验。

图1-2-5　符合人机工程学的手机设计

图1-2-6　亚马逊kindle

1.2.2 审美性

一件产品在实现使用功能传达的同时，往往还传递着审美方面的信息。从知觉审美心理出发的视知觉理论认为，作为知觉对应物的形态结构，其形态本身蕴含着某种能唤醒人们知觉印象的“能量”，这种“能量”与人们知觉心理中的某种需求相互作用，就可产生一种审美的愉悦，从而在审美中建立起心理的沟通，唤起对某一形态的理解及兴趣。也许有人认为审美方面的东西是可有可无的，但是市场告诉我们，审美价值是最能增加产品价值的形态设计要素，也是吸引消费者注意力并最终实现购买行为发生的最直接的因素之一。

现代产品设计被誉为是技术和艺术的结合，因为科技的进步、生产的发展，使得产品之间的技术差异越来越小，出现同质化的趋势，生产厂家很难在技术上保持长期的领先，为了占领市场，产品审美功能的开发就显得尤为重要。产品在满足功能需求的前提下，形态是否具有意味，是否符合消费审美趋势，成了能否吸引消费者从而赢得市场的关键。

产品设计的目的是满足大众消费的需求，产品审美自然也要满足大众的审美需求，符合大众的审美规律。长期以来，在生产、生活中，人们观察人类自身和自然中的动物、植物、山川、河流等，从中归纳和概括出了具有普遍意义的美学规律，这些规律就是人们常说的基本形式美法则。概括起来主要有：变化与统一、对称与均衡、对比与调和、比例与分割、节奏与韵律等原则。这些来自生活中的审美体验总结，反过来又引导和约束着人类的造物活动，产品形态的塑造自然也必须受到这些审美经验和规律的影响和约束。产品设计过程中能否合理应用形式美法则，成了是否能塑造出具有美感的产品形态的关键。

1.2.3 感性化

人与人之间的交流是通过语言来实现的，物与人之间的沟通是通过物的功能及形态来传达的。人们在创造产品功能的同时，也赋予了它一定的形态，可以表现出一定的性格，就如产品从此有了生命力。人们在使用物的过程中，会得到种种信息，引起不同的情感，设计使产品在外观、肌理、触觉对人的感觉产生一种“美”的体验或使产品具有了“人情味”，称之为感性设计。在全球范围内，产品设计出现感性化设计的趋势，体现为设计表现出产品的象征性，主要体现在产品本身的档次、性质及趣味性等方面，产品形态体现出艺术化和个性化的特点。

产品形态个性化是指产品形态具有独特的气质和特点，是产品形态人格化的表现，即产品形态像有生命力的人一样，具有自己独特鲜明的个性。艺术性表现在产品造型塑造过程中注意形态与空间的关系，形态与情感表达的关系，要求产品形态具有艺术雕塑般优美的形式，并能表现某种意境，与消费者在情感上产生共鸣。艺术个性化的产品多不拘泥于以往和现有的产品形式，形态处理大胆创新，色彩鲜艳夺目，敢于运用高科技技术和新型材料，往往从研究使用者生活方式入手，充分利用现代人机工程学和美学的成果，科学地增加产品设计中的感性因素，从生理、心理两方面更好地满足使用者的需求，并提供了更为理想的生活方式和生活环境。感性化的产品形态具有良好的视觉美感和亲和力，大大提高了产品的附加值，此外，还是消费者个性和身份的体现，具有精神象征的作用。在产品的感性设计中，设计的产品不仅要功能明确、材料合理，而且产品的形态要有如自然界生物的内在生命般的神韵。这就要求通过研究并理解有机物及无机物的形态特征与其生命循环过程（即孕育、出生、成长、死亡、再生、转化）及生长环境之间的关系，掌握创造富有生命力的物体形态的方法，创造出富有动感、张力、生长感的产品形态。

设计师通过运用仿生、卡通、夸张、扭曲等手法，可以造成视觉上的冲击。设计大师菲利普·斯塔克设计的榨汁机就是很好的例子，它的外形简练、流畅，富有张力，体现出良好的整体感和艺术感，并且，形态还很好地实现了产品的使用功能（图1-2-7）。

如图1-2-8所示，运用仿生形态所设计的仿生形态的家具，线条流畅，富有生命力，并且舒适宜人，是感性设计的经典。图1-2-9中的个性化产品设计幽默诙谐，别出心裁，富有情趣化。

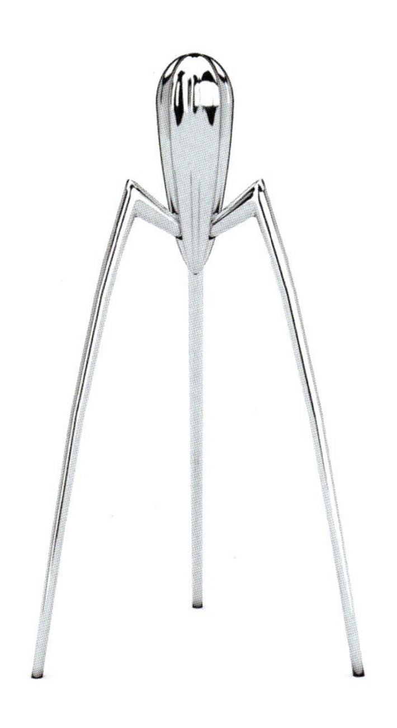

图1-2-7　菲利普·斯塔克设计的榨汁机

图1-2-8　感性化家具

图1-2-9　个性化产品设计

1.2.4 可识别性

随着消费者需求层次和市场竞争程度的提升，以差异化的品牌为核心竞争力的产品设计已经成为市场的主流。具有较高信誉度的品牌产品在市场销售中具有明显的竞争优势，使品牌成为优良品质和服务的象征。而品牌在此过程中也树立起自身的价值，成为品质生活的象征。从此，人们购买大品牌的产品不仅仅是为了得到好的产品和服务，同时还为了象征自己的身份和地位。品牌形象是一个包含产品品质、服务、品牌理念、宣传等多个内容的复杂整体。就产品设计而言，设计师的工作主要是通过设计，树立起产品形象，从而为品牌形象的塑造服务。

具体到产品形态的设计中，就要求设计师赋予产品一定的风格特征，从而树立产品形象的可识别性。只有这样才能吸引消费者忠实于某种风格，使其最终成为该品牌的忠实消费者。产品形态设计的识别性原则主要表现为产品风格的一贯性。利用产品设计的细节不断强化关于品牌产品的某些特定的属性和感觉，从而产生某种熟识和经验，将有助于消费者迅速而正确地理解品牌产品所传达的完整信息，并由不同且相关的意义侧面构成品牌产品的感性形象。这主要包括品牌个性与产品风格的一致性和系列产品外在表现的一致性两方面的内容。

保持品牌个性与产品风格的一致性需要研究产品的形态语言以及相应的认知反应、色彩的个性、材料肌理的感觉、产品细节的特征等，形成某些共识，并将其应用到设计中，使各部分的表现尽可能协调，并与品牌的个性描述相一致。要在产品外在和内在的各个层面中，通过产品的整体视觉传达系统持续一致地传递品牌含义，形成强有力的冲击，创造出一种熟悉感、延续性和可信赖感。

产品的品牌形象不是在短期内或经过一两件产品的形象就可以轻易形成的。它需要一个长期持续的过程，通过一系列相似的产品形态持续刺激，不断加深印象，形成统一形象。这使那些已经认同这种设计形象及其背后美学价值的顾客一眼就能识别该商品是哪家企业的产品，使产品形态自身也具有宣传品牌的作用。同时，这也降低了设计成本，缩短了设计周期，这就是保持系列产品外在表现一致性的重要性。企业设计开发产品时应该考虑到企业的品牌概念和形象，产品的外观应注重与企业原产品的设计相延续，保留或延续其原产品外观的某些设计元素，保持形态设计的继承性和稳定性，使产品在视觉上形成共同的“家族”识别因素。常用的做法有：利用某种固定的色彩搭配或线形特征，或在同一系列产品中应用共同的材料、零部件、相似的树形结构、表面处理、技术特征等。

许多品牌的成功都印证了识别性的重要。产品品牌风格和形象的确立，构成了企业经营中重要的无形资产，大大提高了企业的市场竞争力。因此，在产品形态设计中要充分认识到这一点，合理利用品牌设计风格的基因，塑造出叫好又叫卖的产品新形态。

（1）环保性

工业化大生产造成的对资源和环境的过度开发和利用，已经威胁到了人类自身的发展和延续。在绿色设计和可持续开发的呼声中，逐渐形成了新的形态造型观念，相关内容在第一章中已经介绍过，这里不再赘述，希望设计者在设计过程中，能够时刻谨记环保的重要性和迫切性，将其作为一条重要的设计原则加以重视。

（2）功能性

“玉卮不当，不如瓦器。”战国时期的韩非子就指出，再贵重的玉器，如果没有底部，连水都不能放，其价值还不如普通的瓦器，可见实用功能在容器造型中的价值。产品的实用功能要素是决定产品形态的主要要素，早期功能主义的“功能决定形式”的设计理念更是产品设计的基础。随着社会的发展、科技的进步及物质的极大丰富，产品的功能不再仅指使用功能，出现了极大的延伸和发展，还包括审美功能、文化功能等。现代产品的设计是以决定工业产品形态上的特性为目的的活动，作为产品的形态，就已经不仅仅是美学意义的形态。所谓形态上的特性不是指外观，而是指从生产者和使用者双方的立场来考虑将某一个物品变成一个统一体结构的机能关系。它的形成主要由功能包括物理功能和生理功能的需要而决定。

（3）创新性

21世纪是创新的世纪，创新将在社会生活的各个方面发挥越来越大的作用，创新已成为当今社会生产力解放和发展的重要基础和标志，人类从来没有像今天这样把力量集中在对创新的追求上。面对日新月异的科学技术变革，日益强化的资源环境约束，以及以创新和技术升级为主要特征的激烈国际竞争，中国自主创新能力薄弱的问题已经日益成为发展的瓶颈。加快提高自主创新能力，是引导中国经济发展的要务，是加快转变经济增长方式、推动产业结构优化升级以及增强中国综合国力和竞争力的迫切需求，同时也是在激烈的国际竞争中从根本上保障国家经济安全的迫切需求。

产品设计是一种新产品的创造活动，其目的在于增进产品的技术功能及整体品质。产品创新指的是将新产品的构想或生产程序首先作为商业用途，是技术创新、设计创新。创新是产品设计的生命线，设计的价值就在于创新，创新永无止境。形态设计是产品设计的重要组成部分，形态创新设计自然也就成了产品创新设计的重要组成部分，是产品创新在视觉上的最直观的反映。良好的视觉品质是高品质产品的外在表现，是吸引消费者目光和打动消费者内心的关键，自然也成了提升产品价值和市场竞争力的关键因素。

产品形态有多种多样的表现方式，无论选择哪种形式，都必须首先满足创新原则，这也是其他几个原则的前提。如果不能从创新做起，总是跟随着其他公司成功产品的形式，无论设计的产品形态有多么完美，都不能树立自身的产品形象和企业品牌形象，无法长久、良好地在市场上立足。产品形态创新要敢于突破传统的限制，注意新材料和新技术的运用，因为技术创新往往能为设计创新带来灵感和空间。还要敢于使用打破常规的表现手法，新形式往往能给人带来新的视觉冲击力，取得意想不到的效果。设计思维也需要建立更为开放和自由的模式，鼓励多角度、多方位地尝试创新。

产品形态的创造性是产品形态存在的基础。所谓创造，是指对过去经验和知识的分解组合，使之实现新的功用。创造是人类的本质，是人与动物的本质区别。

当人类迈出历史性的第一步，开始制造和使用第一件工具的时候，便开始按照自己头脑中已经形成的“造物意识”，有目的地从事造型活动。“造物意识”是由具体的预想目的产生具体的需要，具体的需要又是“人的本质力量的新的显现和人的存在的新的充实”。这种需要完全是出于劳动、利于生存的实用目的。当代心理学研究表明，需要是产生人类各种行为的原动力，是个体积极性的根源。人的行为，自觉或不自觉、直接或间接地表现为实现某种需要的满足。

人的造型活动是在人类需要的基础上产生的必然性的行为。如果“把具有目的，由人类创造出来的所有实体都可称为产品设计。”那么，人类制造和使用的第一件工具，是人类的第一件实用产品，由它所形成的造型活动也就可以笼统地称为产品造型设计。产品造型的设计正是按照需要的层次要求而变化的。

彼得罗夫斯基认为：“需要是个性的一种状态，它表现出个性对具体生存条件的依赖性。需要是个性能动性的源泉。”人的需要如同生命一样，处在一种不断的新生与变动之中。

随着时代的发展、技巧的熟练、人类需要的日益扩展、产品造型活动的不断蔓延，技术和艺术的手段轻而易举地被体现，产品的实用和审美方面的需要不断得到满足。现代文明生活方式的改变、生活节奏的加快、生活形态的空前发展，使产品的“环境机能”与对话机能开始受到人们的重视。人们不仅要满足物理性、生理性的使用价值，而且要进一步满足心理性、社会性、文化性和环境方面的象征价值，促使产品在精神功能方面包括美学功能、象征功能、教育功能等诸多情感因素的需求日益加强，要求产品差别化、多样化、个性化。由此出现了追求象征价值的“符号消费”现象，要求借助产品来实现其寄托情感、展示个性的需要。

（4）概念性

产品形态的概念是产品形态区别于其他产品形态的关键。单纯的形态，可以是任意的、毫无理由的。但是一旦与实际事物结合，就肯定有它存在的理由。自然界的形态说明了这一点：山为什么是上小下大？树干为什么下粗上细？动物为什么有的矮小有的雄壮？水的涟漪为什么是放射状？树叶为什么不是方的？各有各的道理。作为产品的形态，就更需要有形成的原因，都需要有一个能够表达、阐述某种观念、意义或创意的概念。如果脱离这些概念，产品的形态应该是不存在的。

因此，产品形态的概念是在对所设计的产品进行构思以后逐渐形成的，由量变到质变，是明确设计方向以后设计程序进一步的深化，是对设计方向充分认识后大量构思的积累。

构思，是对即有问题所做的许多可能的解决方案的思考。构思的过程往往是把较为模糊的、尚不具体的形象加以明确化和具体化。这时，为保持思维的连贯性，要求手、脑、心并用。19世纪英国艺术和设计思想家约翰·拉斯金曾这样说过：“设计必须有最精巧的机械，即人类手指那样灵巧的机械。最好的设计源于心，又融合了所有情感——这种结合优于脑与情感的结合，而两者又优于手与情感的结合。如此造就出完整的人。”只有这样的设计构思才可能具有创造性。

形态概念的确立，是对产品设计问题提出明确而有效的解决方案，是解决问题的具体化，是产品设计问题的最佳解决方案构想。设计师在设计构思中，当一个新的构想灵光闪现时，要迅速将它捕捉下来，这时的形象可能不太完整，不太具体，但这个形象又可能使构思进一步深化，也可能会启发出其他新的设计想法。这样的反复，就会使较为模糊的不太具体的设计概念逐渐清晰起来。

产品设计是一项创造性的活动，好的设计并非只有漂亮的外观，而其中蕴含的科技、人文、市场及环境等因素，也要通过产品的形体而体现。科技的进步和消费者的爱好，都成为作用于产品设计的“外力”，使产品呈现出日益丰富的形态变化。

在产品设计中，产品立体形态的创造有一定规律可循。大自然是天然形态的创造者，千万年来，在大自然力作用之下造就了千变万化的形态，其中不乏美的形态，在构造材料方面也非常可续合理，还有人们至今尚未认识但有利于改变生存条件、调节社会机能的微观系统。时代在发展，作为始终以物质的实质性形态而展现的产品从物质形象上不断地表现着时代的活力。用平等的观念对待自然，勇于探索未知世界，才能丰富和充实我们的知识，扩大视野，不断在设计实践中创造出科学合理的产品形态。保持清醒的设计意识和对设计语言的准确把握，将各种符合社会发展趋势的观念转化为产品形态，以产品实体促进社会的发展，以产品实态构成开辟具有新时代发展价值的产品形态。

（5）形象性

“形象”一词是指能引起人的思想或感情活动的具体形态或姿态。它既包括视觉形象，也包括听觉、触觉、味觉、嗅觉等人的其他感官所能感知的形象。其中主要是视觉形象，因为人从外界获取的信息大部分是通过视觉感官获得的，而且视觉形象也是最直观、最容易被认知的。

所谓产品形象，是指产品的质量、性能、造型、设计、商标、包装、价格等在消费者和社会公众心目中的整体印象，是社会公众对企业产品整体的认识、体验和评价，它主要包括质量形象、服务形象、设计形象、包装形象等方面。因此，产品的形象主要是指产品的综合外观，包括产品的外在形式、色彩、材料等体现产品内在性格的产品形态。

产品形象是企业的无形资产，产品形象好的名牌产品，由于其知名度高，美誉度好，消费者信赖，其市场销售量大，实现的盈利就多。所以形象就是财富，它能增强企业的经济实力，进而提高企业的竞争力。

由此可见，产品形象决定着企业的竞争力，是企业参与国内外市场竞争的决定性力量。企业要提高产品的竞争力，必须重视产品形象的塑造。产品形象塑造是一项系统工程，产品的形象设计是服务于企业的整体形象设计，是以产品设计为核心，围绕着人对产品的需求，更大限度地适合人的个体与社会需求而获得普遍的认同感，以改变人们的生活方式，提高生活质量和水平。

1.3 产品形态设计的材料

人们在看到了某一设计形态后，往往会形成一个整体的视觉印象或者心理感受，不同的形态构成要素对形成整体视觉印象有不同的影响。造型的几何特征、材料、质感三个方面共同作用，从而形成一个设计形态整体的视觉印象，三者缺一不可，由此可见，研究材料与产品造型关系的重要意义。任何一件设计作品，都是由一定数量和种类的材料构成的，可以说“材料是结构形式和功能的物质载体”，因而，在设计过程中，选用恰当的材料成为设计成败的重要因素。

材料是制造产品所耗用的物资，伴随着人类社会的发展由低级走向高级。从设计角度来看，可分为有机材料、无机材料（金属、非金属材料）和复合材料三大类。在了解不同材料的物理、化学、视觉三方面综合特征的基础上，结合生产、加工、使用等因素全面衡量成本、价值、形态结构、美感等关系，科学合理地选择材料，从而最佳地发挥材料的性能特征。既善于利用各种新型材料，也要加强对传统材料的发掘再利用，建立新型的形态与材料观。在产品形态设计中通常会使用到的材料如表1–1所示。

表1-1 产品形态设计常用材料

有机材料	天然有机	以动、植物体为原料的皮革、纤维、布、纸、板与橡胶等
	人工合成	尼龙、塑料等
金属材料	合金	铜、铁、金、银、锡、铝等
非金属无机材料	非金属单体	石墨、钻石
	非金属氧化物	陶瓷、水泥、搪瓷及非结晶态与结晶态的各种玻璃与凝胶

产品材料的运用，是实现产品形态设计的重要内容。从实现产品使用功能角度出发，选材要考虑材料的加工性能及强度、刚度等物理性能。不同的材料具有不同的本质，反映在物体表面，会形成不同的肌理，通过人的视觉和触觉，在人心理和生理上会产生不同的感觉。这种感觉直接影响人和物体的亲和度。不同材料肌理，对产品形态会产生不同的影响，本章通过对不同材料性能和肌理的探讨，让我们了解不同材料形成不同肌理，并认识到对同种材料使用不同加工工艺，也会形成不同肌理。本章还讨论了材料的不同肌理对产品形态设计产生的影响。

1.3.1 木材

木材拥有亲切、温暖的材质感，保留了天然朴素的本质，这些正是人们对家这一概念在人性和心理方面最为需要的情感表达（图1-3-1）。

图1-3-1 木材质质感

普瑞特艺术学院的毕业生Lisa Dudley和墨西哥手工艺人Oscar Cabrera联手设计了一款仿生荷叶水果盘（Imatlapalsi），该果盘造型仿佛一片荷叶，采用一整块木头雕刻而成，木头的纹理和手工刻痕清晰可见（图1-3-2），这种布满锤痕肌理的家具配件，在未来很可能会被大胆使用。设计师用皮革、石材或是木材等具有恒久性效果的材质去设计产品，并希望能借助这些材料体现出洗练、自然的设计效果，让设计的生命更能恒久。

图1-3-2　仿生荷叶水果盘

自然材质所体现出来的存在感就是舒适惬意，而不是用刻意的材料去刻意完成一个产品。自然沉淀下来的效果具有非常独特的传承魅力，这种魅力足以支撑设计得到后续更多使用者的青睐。

1.3.2 金属

金属不同的质感肌理能给人不同的心理感受，可以表达产品的科技气息。金属材料是最常用的材料之一，用途广泛，大到飞机、小到图钉。金属作为原材料有高品质性、耐用性、柔韧性的优点，如图1-3-3所示，平板电脑金属外壳的材料选用。

伏笔（fullpen）延续了嵘器品牌“挖空心思”的设计语言，其完整的金属笔杆被精铣出纤细的开口，露出了德国施耐德金属原子笔芯，挺拔的内芯与整体的锋芒相得益彰。金属内芯与金属笔身在功能与品质的转角美妙邂逅，共同营造了舒适的握感和流畅的书写体验（图1-3-4）。

图1-3-3　平板电脑的金属外壳

图1-3-4　伏笔（fullpen）的金属材质质感

1.3.3 玻璃

玻璃最显著的特点之一就是具有很好的通透性，在设计过程中可以制作为全透明、半透明、磨砂等不同效果玻璃材质的产品。玻璃还具有很好的可塑性，制作的各类家具不仅具有很好的实用性，而且还不易变形，抗老化。相比于其他材质类的家具，玻璃材质更容易制造出各式各样的优美造型，如图1-3-5的蜂蜜罐包装瓶，给人以视觉的艺术享受。

图1-3-5　玻璃质感的蜂蜜罐包装瓶

玻璃既不会变形，也不会褪色，即使表面有污渍，只要轻轻擦拭就会光亮如新。玻璃既可以耐高温，也可以在低温下存放，无论是外观还是功能都不会随着温度的变化而改变。

如果你喜欢在家种花养草，但却偶尔会忘记给它们浇水，设计师Xindong（Jonathan）Che设计的这款Livesglass温室花盆是不错的选择。Livesglass灵感来源于沙漏，将沙漏型的双层玻璃外罩扣在圆柱形花盆中，如图1-3-6所示。

图1-3-6　玻璃材质质感

它的玻璃外罩是最大优势，一方面使它变成一件装饰品，另一方面也能更好地观察水在沙漏中的流动。将水倒入沙漏上方的锥形中，水滴会慢慢地滴下。少量多次，不必担心过度浇灌，偶尔忘记浇水也不会导致植物缺水而亡，满满一锥形水可使用7天，旅行出差也足够放心。

1.3.4 藤编

藤编产品是最环保的产品，不受地方性和季节性的限制。藤可以弯曲成各种形状，但在承重方面是有问题的，传统的藤编家具上的各种复杂花样，在装饰的同时，其实也是为了增强结构的韧性，使藤编家具经久耐用，越用越漂亮，越用越有光泽。现在，藤编产品也开始结合一些其他的材质和元素，变幻出更多美观而实用的产品，既不失纯朴自然、清新爽快的特色，又充满了现代气息和时尚韵味（图1-3-7）。

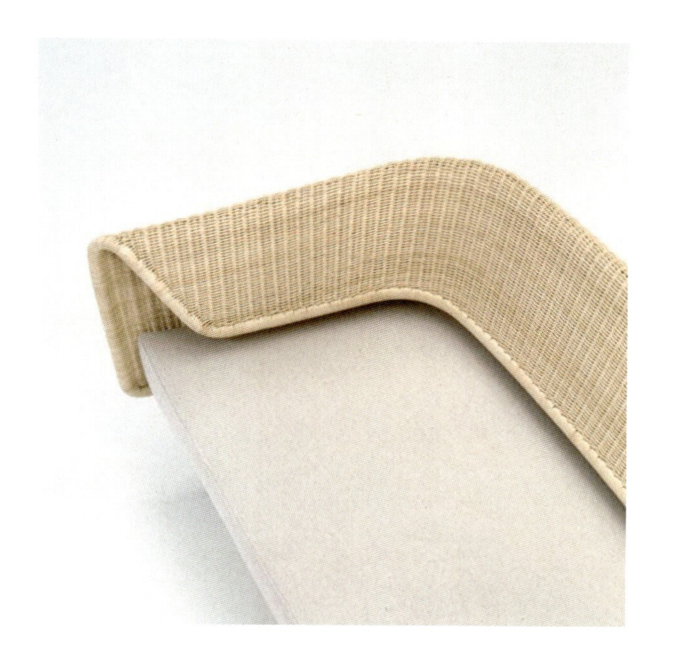

图1-3-7　藤编材质在家具产品上的运用

1.3.5 水泥

硅酸盐水泥和水后将成为具有可塑性的半流体，经过一段时间后，水泥浆逐渐失去可塑性，并保持原来的形状，硬化后不但强度较高，而且还能抵抗淡水或含盐水的侵蚀。如图1-3-8所示是水泥打造的花盆底座，图1-3-9是荷兰Studio PS设计工作室设计的一款水泥台钟，外壳和表针用水泥做成，表盘则用橡木薄片做成，两种材料都未经处理，保持各自的原汁原味，随着时间的推移都会发生一些变化，留下岁月的痕迹。

图1-3-8　水泥材质花盆

图1-3-9　水泥台钟

1.3.6 塑料

塑料主要有以下特性：①大多数塑料质轻，化学性质稳定，不会锈蚀；②耐冲击性好；③具有较好的透明性和耐磨耗性；④绝缘性好，导热性低；⑤一般成型性、着色性好，加工成本低；⑥大部分塑料耐热性差，热膨胀率大，易燃烧；⑦尺寸稳定性差，容易变形；⑧多数塑料耐低温性差，低温下易变脆；⑨容易老化；⑩

某些塑料易溶于溶剂。质地粗糙的塑料给人以朴实、自然、亲切、温暖的感觉；质地细腻的塑料给人以高贵、冷酷、华丽、活泼的感觉。

以塑料为材质加工的产品，形态有光泽，颜色多彩艳丽，如图1-3-10所示。造型也可较为自由，设计较为复杂的曲面。

图1-3-10　塑料材质质感

1.3.7 陶瓷

如图1-3-11所示，通过结合传统的陶瓷制造工艺与独特的细节批量生产的产品，具有极强装饰性的白色光釉显得更加有质感，让它具有一种独特的韵味，把这些陶瓷罐子摆在家里作为装饰会更加漂亮，它采用石膏磨具成型，罐体表面有木材装饰让陶瓷质感对比更加细腻。

图1-3-11　陶瓷材质茶具套装

如图1–3–12所示，“小乾隆”通过拟人化的造型，巧妙地将壶、杯、印章融为一体，成一壶一杯。壶身采用了素彩色釉的工艺，配以锦花纹饰，造型亮洁雅静，但又时尚味十足，自带萌点，几乎能够赢得所有年龄段群体的喜爱。“小乾隆”由艺拓国际旗下品牌Tales设计制造，其秉承着将艺术融入生活时尚美学的初衷，运用丰富的设计创意，打造了多款集文化、创意、设计于一身的文创产品。

无论是木材、金属，还是陶瓷，人对材质的知觉心理过程是不可否认的，而质感与肌理本身又是一种艺术形式。如果产品的空间形态是感人的，那么利用良好的材质与色彩可以使产品设计以最简约的方式充满艺术性。材料的质感肌理通过表面特征给人以视觉和触觉感受及心理联想和象征意义。产品形态中的肌理因素能够暗示使用方式或起警示作用。人们早就发现手指尖上的指纹把接触面变成了细线状的突起，从而提高了手的敏感度并增加了把持物体的摩擦力，这使产品尤其是手工工具的把手获得有效的利用，并作为手指用力和把持处的暗示。通过选择合适的造型材料来增加感性、浪漫成分，使产品与人的互动性更强。在选择材料时不仅用材料的强度、耐磨性等物理量来做评定，而且把材料与人的情感关系远近作为重要评价尺度。材料质感和肌理的性能特征将直接影响到材料用于所制产品后最终的视觉效果。产品形态也好，抽象艺术形态也好，其特征往往是由材料和结构的方式决定，而连接是由材料的特性决定。工业设计师应当熟悉不同材料的性能特征，对材质、肌理与形态、结构等方面的关系进行深入的分析和研究，科学合理地加以选用，以符合产品设计的需要。

图1–3–12　“小乾隆”

思考与练习

1. 影响产品形态的主要因素有哪些?
2. 谈谈你对产品形态观的发展和衍变的看法。
3. 简述形态的基本分类及其相互关系。
4. 简述形状、形象、形态三概念的主要联系和区别。
5. 简述产品形态设计的主要因素。
6. 选择某一类型产品为目标对象，对其历史及产品形态衍变过程进行分析研究，寻找影响产品形态衍变的相关因素。

第2章　产品形态设计的构成要素

2.1 产品形态设计的点要素

2.1.1 点的视觉效果

在几何学中，对于点，只要给出坐标，它的位置就会确定下来，而且不具有大小和形状的特征。

在设计中，点是具有一定形状的。在产品形态构成中，点既有大小，又有形状特征，会引起不同的心理效果。点依附线、面而存在，然而点本身也能产生非常多的变化。

相对小单位的线或小直径的球，都可认为是典型的点，只要形体与周围其他造型要素比较时具有凝聚视觉的作用，都可称为点。点的不同形式的排列能产生美的规律。

点具有高度的视觉集中效果，合理地利用点，会使原来不起眼的地方，产生意料之外的特殊效果。

（1）单点的视觉效果

单点具有单纯和集中的特点，给人以集聚性的视觉心理作用。单独的圆点，本身没有上、下、左、右。如图2–1–1所示，当画面上只有一个点的时候，人的视线就会不自觉地集中在这个点上，形成趋心性的心理。

如图2–1–2所示，当点在画面上的位置不同时，人的视觉感就会产生一些变化。当单点在画面中心时，视觉容易集中，此时的点具有安定、严肃、停滞的视觉效果，虽然备受注目，但有单调感；当单点在画面上方时，会产生提升能量的效果，具有动感，但易给人头重脚轻的不稳定感。

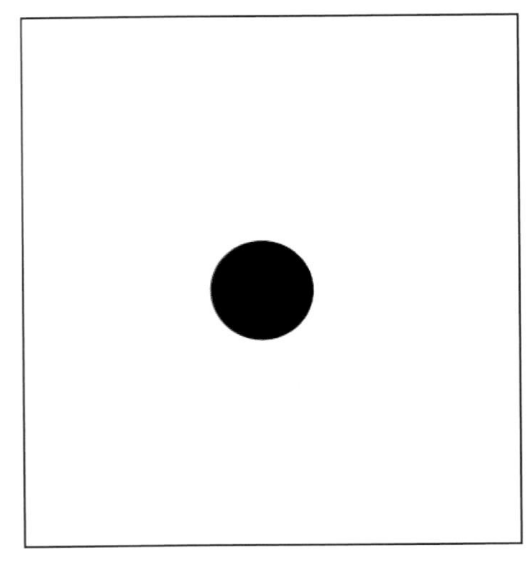
图2–1–1　单点的视觉效果

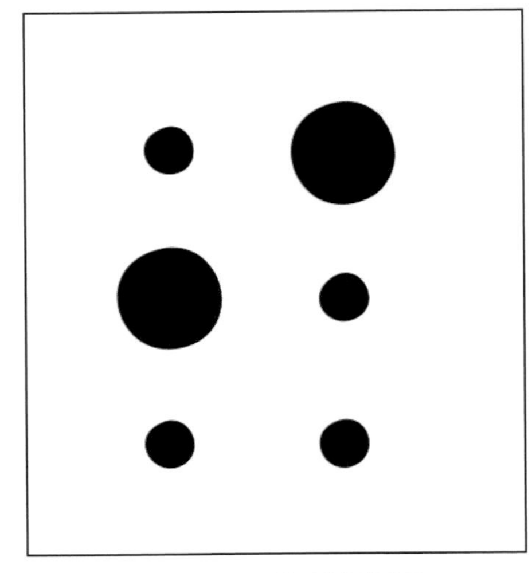
图2–1–2　不同位置的视觉效果

（2）多点的视觉效果

水平的两点在形态设计中可以产生对称、均衡的艺术效果。在同一空间，相同大小、有一定距离的两点，会产生连线效果。在同一空间，大小不等、有一定距离的两点，会将人的视线集中在大点上，容易产生由大到小的秩序感、由近到远的层次感。

当三点不在一条直线上时，视觉会受到消极线的暗示，产生虚线三角形的面的联想。

当三点大、中、小依次排列成一条直线时，会产生由大到小方向的动感，此时，人的视线最后会停留在最大的点上，最大的点称为视觉停滞点。

当三个同样大小的点排成一条线时，视线会最终停留在中间点，此时的形态具有较好的稳定感。设计时，点数取奇数为宜，一般最多取9点，如音响上的音量指示灯一般为7点，太多会给人以复杂感。

密集性的多点排列能产生面的效果（图2–1–3）；多点大小不同、错落相间，可产生运动感和空间感。

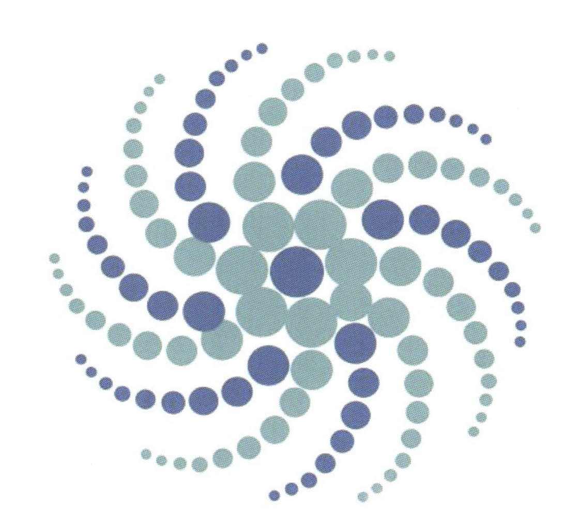

图2–1–3　密集性的多点排列能产生面的效果

多点按组合和排列的形式构图，可产生极为丰富的组合效果，一般常用的有以下几种。

① 活泼印象：多点集聚，构成活泼的图形。

② 静止印象：等距多点，构成严肃感、静态感。

③ 层次印象：大小不同的多点组合，可构成前后层次感。

④ 远近印象：大小相同，但疏密不同的多点，可构成强弱渐变的图形。

⑤ 纹理印象：点大而疏时，图形显得干净豪爽，点小而密时，图形显得细腻。

⑥ 韵律印象：点阵的大小或间距按一定规律变化，可产生强烈的韵律动感。

⑦ 错视印象：同样大小的点，被较大的形体包围会显得更小，反之显得更大。

总之，点的不同排列、组合，会带给人们不同的感受和心理反应，会传达出不同的视觉信息，产生不同的审美效果，如和谐、比例、对称、均衡、运动等。多点组合在产品形态设计中有着广泛的应用。

2.1.2 点的产品形态设计应用

点元素是形态设计中最基础的元素，也是形态中的最小单位，是必不可少的单元。造型设计中的点，具有一定的形体（即形态和体积或形状和量感）。因为点的特性和点的排列组合构成的虚线、虚面和虚体，使得点的表现变得相当丰富。这些都在现实的产品形态设计中运用得非常广泛。根据不同作用可把它分为功能点、肌理点、装饰点和标志性点。

2.1.2.1 功能点

在产品形态设计中，点元素承载某种使用功能的时候，我们把其称为功能点。在产品造型设计中主要表现为功能性按键、具有提示和警示灯的功能性部件等，如手机的按键、电脑机箱的开关等。这些点承载了重要使用功能，在设计中，我们需注意清晰表达这些产品功能点所承载的信息，通过点的不同造型，提高功能点的认知准确度。也就是说，在点的造型中要考虑提供必要的信息冗余度，以免受干扰时无法辨认而导致错误。

数码产品上的按钮通常为电源按钮，除了色彩特殊以外，还会加个国际通用的符号，或者干脆写上POWER（电源）或 ON/OFF（开/关）。在对功能点的造型设计时，实现按钮操作方式的准确认知，比如左右划动的按钮需适当突出或低于它所在的界面（触摸屏除外）（图2-1-4）。

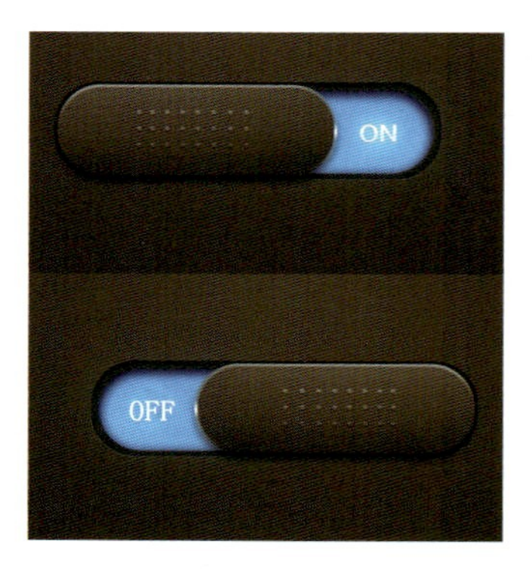

图2-1-4 ON/OFF（开/关）示意

2.1.2.2 肌理点

所谓肌理，在词典上解释为皮肤的纹理。在设计领域中，有的称肌理为“形象表面的纹理”，有的则认为肌理本指物质材料的性质、质感，是艺术家造型时留下的操作痕迹。概括地说肌理是由材料表面的组织结构所引起的纹理，这种纹理可以是天然形成的，也可以是通过人为加工而产生的某些表面效果。在这里谈到的“肌理点”是指这种表面的纹理效果以点形成的虚面的方式呈现，并且在产品的设计中具有一定的功能性。

2.1.2.3 装饰点

通过点阵排列，打破产品中过于呆板、简单的表面，起到装饰美化产品表面的点，我们称之为装饰点。这些点的使用有助于产品传达设计目的，丰富观者的视觉经验。设计产品上的装饰点在应用时要求遵循形式美原则，点成线的排列在产品的界面边缘上，突出轮廓，加强产品俯视面的一维性。

2.1.2.4 标志点

标志点主要表现为产品界面上的品牌标志、产品的品名、 型号等增加产品识别性的点状元素，既有二维（平面）的，也有三维（立体）的。无论这些点性元素在产品界面中呈现二维还是三维，其所处界面中的位置、大小、色彩都对产品形态产生重要的影响。例如苹果公司的logo从牛顿坐在苹果树下读书的一个图案，到真实的苹果，到一侧被咬了一口的彩虹苹果，再到透出晶莹光芒的饱满简洁的苹果造型，可以看到苹果产品的变迁和苹果产品形态的变迁。苹果公司现在使用的logo造型圆润且具有很强的张力，与其公司产品的形态具有共同的特点：方中带圆，饱满而具张力，时尚而典雅（图2-1-5）。

图2-1-5　苹果公司的logo造型

2.2 产品形态设计的线要素

2.2.1 线的排列组合

2.2.1.1 线的概念

几何学线是点移动的轨迹，具有长度、方向和位置，而没有宽度和厚度，是一个抽象的空间概念。而作为造型要素的线，在造型实践中，在平面上它具有宽度，在空间上具有粗细，是相对存在于造型观念和手法中的。在造型中，通常把长与宽之比相差悬殊者称为线，即线在人们的视觉中，有一定的基本比例，超越了这个范围就不视其为线而应为面了。另外，一连串的虚点亦可构成消极的虚线（图2-2-1）。

图2-2-1　线方向造成的空间感

2.2.1.2 线的形状

线型：光滑形、毛刺形、波纹形、凹形、凸形、不规则形等。

端部：扁形头、方形头、尖形头、弯形头等，如图2-2-2所示。

图2-2-2　线的扁形头、方形头、尖形头、弯形头端部

2.2.1.3 线的性格

① 直线：具有严谨、坚硬、明快、正直、简单、有力的性格，亦称“硬线”。

② 粗直线：给人以厚、重、强壮、刚硬之感。

③ 细直线：给人以挺拔、敏锐、纤柔之感，亦有神经质的紧张感。

④ 垂直线向上有积极进取、直线上升之感，常引申为茁壮、光明、未来与希望；向下有沉稳、牢固之感，消极、沉沦之感。

⑤ 水平线给人以庄重、安详、稳定、永久、宽阔、延展之感。水平线是其他所有线的基础，故亦称“水准线”。

⑥ 斜线给人以不稳定、运动、倾倒的强烈动感，具有强烈的冲劲，充满活力。两线向外斜，引导视线向无穷远处发展；两线向内斜，将视线引向其相交处。

⑦ 平行线使线的方向得到更进一步的强调，集中表现其一致的动势。

⑧ 放射线具有强烈的辐射动感，使人产生热烈、豪放、光明之感。

⑨ 渐近线给人以远近、浓淡、强弱、韵律之感。

⑩ 复合线给人以动态的起伏、节奏变化之感。

⑪ 折线给人以刚锐、跃动之感。

⑫ 网格线由网格形成的纹理表现出复杂、充实的空间。

2.2.1.4 线与线的组合构成效果

点的移动形成线，线可分为几何线形、任意线形，线形的刚柔精糙、抑扬顿挫、粗细长短、疏密变化，表现种种视觉的感受（图2-2-3）。

图2-2-3 不同形态线的组合构成效果

2.2.1.5 线的种类

线的种类如图2-2-4所示。

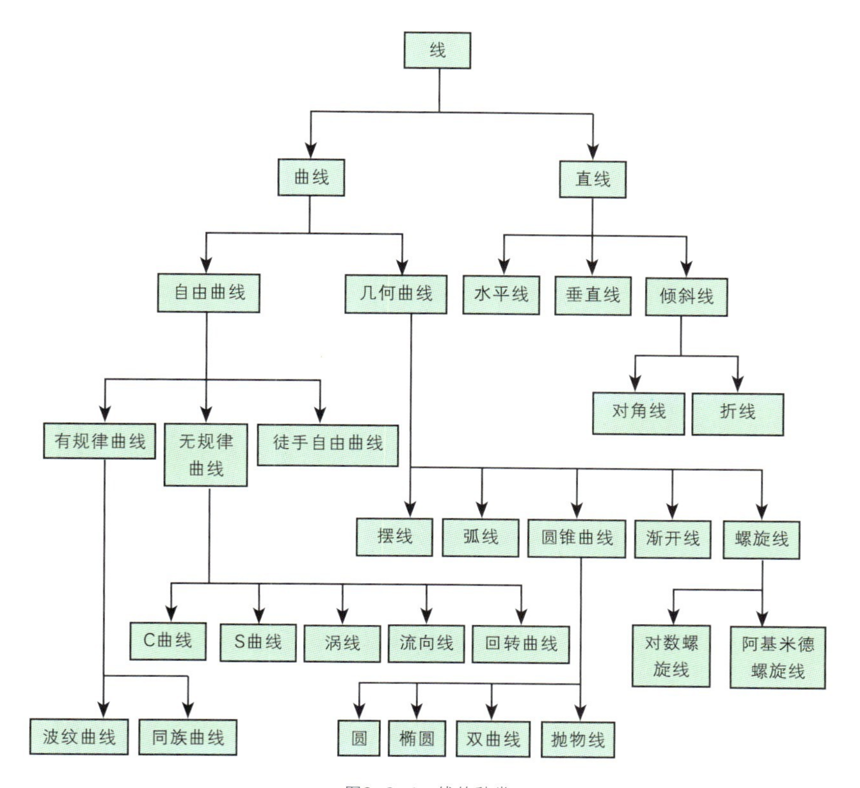

图2-2-4 线的种类

2.2.1.6 线的错觉

错觉是在特定条件下产生的对客观事物的歪曲知觉。错觉又叫错误知觉，是指不符合客观实际的知觉，包括几何图形错觉（高估错觉、对比错觉、线条干扰错觉）、时间错觉、运动错觉、空间错觉和光渗错觉、整体影响部分的错觉、声音方位错觉、形重错觉、触觉错觉等。

错觉是对客观事物的一种不正确的、歪曲的知觉。错觉可以发生在视觉方面，也可以发生在其他知觉方面。如当你掂量一公斤棉花和一公斤铁块时，你会感到铁块重，这是形重错觉；当你坐在正在开着的火车上，看车窗外的树木时，会以为树木在移动，这是运动错觉等。

灵活地运用线的错觉，可以使画面产生意想不到的效果。但有时也要避免由错觉所产生的不良效果。

① 平行线在不同附加物的影响下，显得不平行。

② 直线在不同附加物的影响下，呈现弧线形状。

③ 同等长度的两条直线，由于它们两端的形状不同，感觉长短也不同。

自然界中的万千景物，生活中运动着的每个人，都各有其外在形式和线条结构。这种外在形式和不同的线条结构，给人们提供了认识、理解并迅速灵活地捕捉住一切物体形象的机会。利用线条的结合作用，把若干篇有联系的稿件用围框、勾线、加天地线等办法编排在一起，就是线条组合（图2-2-5）。用线条围起来的若干篇稿件，鲜明地从其他稿件中突现出来，形成统一的视觉对象。线条的使用方式不同，结合作用的强弱也随之不同。把几篇稿件用线条围成一个封闭形的框，框内稿件的结合显得最紧密；用勾线把几篇稿件围起来，稿件之间结合的紧密程度就弱一点；用两条较粗的平行线把一组稿件夹在其中，其结合作用更弱一些。有的简讯专栏的一条边处在版面的边线上，边线就可以代替两条平行线中的一条。

图2-2-5　线的组合

2.2.2 线在产品形态设计中的应用

线是造型的有力手段，在产品形态设计中，线元素或是产品的外形轮廓线，或是面与面之间的交线，或是面上的分割线，也可以是产品的表面的装饰性元素。它们造就了产品的形态，并呈现出不同的性格特征和情感蕴含。

（1）轮廓线

开放的线称之为线条，闭合的线则为轮廓。处于同一平面内的闭合线条构成的轮廓就是形。线条是形的载体，通过线条的改变就可以改变形的基本面貌。当线是处于空间的三维度（长、宽、高3个平面）内的3个轮廓就形成了体。在产品形态设计中，确定形体的线元素称之为轮廓线。产品的轮廓线是产品形态的基本面貌。

（2）交线

形体上的面与面相交或面转折时所呈现出来的线称之为交线。交线因形体上面的不同角度相交而出现2种情况：阴线和阳线，与雕刻造型中的阴线和阳线的概念相似。阴线就是凹入形体的交线，阳线就是凸现于形体表面、隆起的线，也就是几何学里棱线的概念。

（3）分割线

分割线顾名思义就是把东西分割开的线。在产品形态设计中，对产品的面进行分割的线就是分割线。通过分割线对产品面的处理可以起到对面的区域划分和装饰的作用。例如在产品形态设计中将产品的功能键安排在一个区域里，并用分割线（或加上不同色彩）将这个区域勾勒出来，形成一个面中面，这不仅可以强调功能操作区，方便用户操作使用，也可以利用这一分割线的不同特征赋予产品面不同的情感。而在产品形态设计中，较大而显得呆板的面是不容易吸引观者视线的，而且面过大会显得空洞乏味。用线元素来分割大的块面，可以使表面起到节奏变化，使得面变得生动，这是分割线的装饰功能。这种分割的线元素虽然不会改变面的起伏，但却可以（或与色彩一起）塑造新的面感和新的体感。如图2-2-6所示为空调柜机正立面的设计，分割线对功能进行了分区，也起到优化柜机高度的作用。当线元素在产品的表面形成规整的排列，分割表面的同时，既可表现产品的外观结构特征，又能表现产品的规整感。

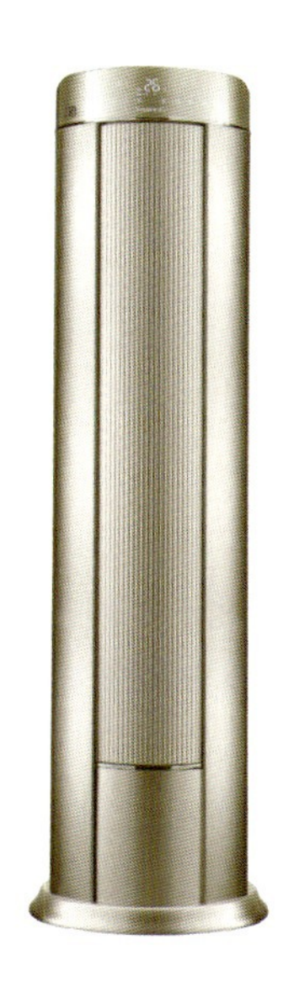

图2-2-6　空调柜机的立面设计

（4）装饰性线元素

在产品形态设计中，线元素的不同排列和组合可以装饰、美化、协调产品的形态。线元素渐变排列直接形成的产品，其产品具有很强的韵律美感；线元素作为产品的功能构件或装饰件可以打破产品表面的呆板感。

线元素作为块面的协调者，通常以对齐、延伸等方式来协调整个大面，作为不同功能区域的分割元素，来界定不同的块面。部分产品表面的装饰线在装饰产品形体的同时还具有一定的功能，如凸形的线设置在手柄位置，具有防滑的功能；而凹形线为镂空处理时则具有散热、透音的功能。这与具有同样功能的点元素相比，线元素产生的工业规整感略强。

2.3 产品形态设计的面要素

2.3.1 面的构成

2.3.1.1 面的概念

面在空间中起分割的作用，体现了充实、厚重、整体、稳定的视觉效果，是产品设计形态中最重要的基本构成要素。

在几何学的定义上，面是“线的移动轨迹”，不同的线以不同的规律运动，会构成不同形状的面（如：直线平行移动成长方形，直线旋转移动成圆形，自由直线移动构成有机形，直线和弧线结合运动形成不规则的形等）；面是“立体的界限或交叉”；面有长度、宽度，没有厚度。在产品形态中，就是把几何概念中的面视觉化和触觉化，凡是物体最外层所展现的与外界相邻接的界面都称之为表面。与其他元素不一样的是，在产品设计形态中，面是有厚度的（包括消极的面），由轮廓线包围且比“点”感觉更大的为面，比线更宽的“线”也称为面。

产品形态是由点、线、面构成的，面在整个形态中占据的位置最大，最直接地诉诸人的视觉，面的起伏和相互关系决定着造型的外观效果。面的表情由决定主要面的特征的直线或曲线的表情作用而产生，所以面的视觉表现力与线的视觉表现力有一定的对应关系。

2.3.1.2 面的种类

如图2–3–1所示，按性质不同面可以分为平面和曲面两种。平面是最单纯的面，没有起伏和变化，具有明了、平直的个性。单一的平面不能构成形体，变化主要体现在平面与其他面的转折处。平面给人的感觉是平静、整齐、光滑、单调、轻巧、纤薄、挺拔、空间感较弱等。平面能够以多种组合方式形成更多的形体，在家居、家具、办公等不需要包裹内部结构而直接以形体结构为形态的产品上应用广泛。

由于位置的变化，平面也体现出不同的特征。垂直面体现出紧张感、高洁的个性；水平面体现出平和、静止、安定感；斜面具有动感、不安定感。此外，通过切割、镂空、翻折等方式处理的平面，形成了更为丰富多彩的产品形态。日本Orizuru椅子的设计灵感来自传统的日本民间折纸鹤（图2–3–2），由一整块10层的胶合板打造而成。它的线条流畅柔美，简直就像一张被精心叠制弯曲的折纸。这把椅子的确是一件令人惊叹的绝妙艺术品。而且，它的优点不止于它独特的外观，它还非常实用，因为它的承重力可达到400公斤。

曲面使人感到起伏、温和、柔软、圆润、富有弹性和动感，具有较强的亲近感（图2–3–3）。曲面可以分为几何曲面和自由曲面，几何曲面具有理智和情感，而自由曲面性格奔放，具有丰富的抒情效果。曲面的形式特征由曲面的曲率变化来反应。曲率的变化很均匀，曲面的视觉效果反映就很平缓；曲率的变化很强烈，则曲面的视觉反映为动感、跳跃等特征。

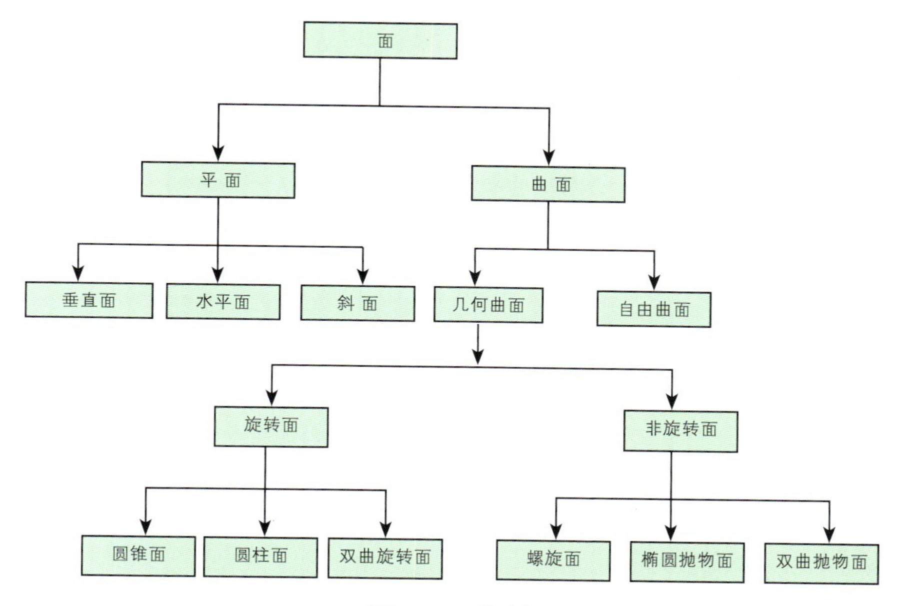

图2-3-1　面的种类

图2-3-2　日本Orizuru椅子

图2-3-3　潘顿椅

2.3.1.3 面的形态

面有规则面和不规则面之分。圆形和正方形是最典型的规则面，这两种面的相加和相减，可以构成无数多样的面。不规则面的外形较复杂，无规则可循。

面的形态是多样的，不同形态的面在视觉上有不同的作用和特征。规则面有简洁、明了、安定和秩序的感觉；不规则面具有柔软、轻松、生动的感觉。

2.3.1.4 面的错觉

同样大小的圆，感觉上面的圆大，下面的圆小；亮的大黑的小。用等距离的垂直线和水平线组成两个正方形，它们的长、宽感觉不一样，水平线组成的正方形给人的感觉稍高些，而垂直线组成的正方形则使人感觉稍宽些。

2.3.1.5 面的性格与情感

在产品形态设计中，不同形状的面赋予产品不同的特有形态，面的表情可以通过形成面的曲线、直线的表情所产生。正如点、线的许多表情一样，面的表情与“面形”的轮廓及其表面质感相关，面的性格由作为面的主要轮廓线的表情决定。

平面有平整、光挺、简洁、坚固之感，平面较单纯，具有直截了当的情感表达。例如，铅垂面具有紧张感，显得高洁、雄伟、严肃、庄重，若横宽竖窄，则引导人的视线作左右横向扫描，若竖高横窄，则引导人的视线作上下纵向扫描；水平面平和、静止，表现安定感，有引导人的视线向远处延伸的效果；斜面是动感的，同时具有不安定表情，在空间形态设计中，能显示出较强烈的动态效果。面按其轮廓形状又可分为几何形、自由形和偶然形几种，其性格分别介绍如下。

（1）几何形

几何形是由直线、曲线或两者共同构成的图形。由直线所构成的几何形给人以明朗、端正、简洁之感，具有对视觉刺激集中、醒目、信号感强的特性，使人产生信赖、坚固之感，但有时会产生单调、呆板之感。在产品形态设计中常用来表达整齐、理智、坚固之意（图2-3-4）。

图2-3-4　几何形产品形态

（2）四边形

正方形：正方形的特征是无方向性和倾向性，因此人们看到正方形，往往会有茫然无所适从的感觉。从造型角度讲，由于其两个方向的尺寸均相同，是较难处理的。但正是由于具有强烈的稳定性和严肃性，可以看到在需要引起关注的指示物、标志物背景和图案上经常使用正方形的形态。为了增强相容性，直角多处理成圆角。另一方面，正方形作为工作台面（家具设计）可以营造平等、相互信任的环境，很适合培养团队工作的积极性。正方形作为地面材料（如花岗岩板材）形状，因其无方向性暗示从而避免了对人运动方向的强制性干扰，使人们心情舒畅，但墙面砖用正方形的就相对较少了。通常，室内墙面砖为长方形并竖直放置以加强空间的高度感，也有以横置的长方形墙砖布置以营造一种安谧的私密空间气氛。

以正方形为基本形的演绎可在不同位置，以不同边长进行切挖、叠加使原本单调、不具线条感的正方形富有方向上的变化，可考虑如下两种方式：

① 设计其他形用来进一步强化正方形各向同性的特点，构成中心对称的形；

② 考虑打破正方形的视觉禁锢，赋予其方向性。

由于人具有视错觉的特性，如果正方形是垂直放置的，一个真正的正方形会看起来显得略扁一些。因此，设计者可有意识地将高度尺寸略放大一些处理，以达到视觉正方形的效果。

菱形：具有大方、明确、活跃、轻盈之感，故是对人吸引力最大的四边形。肥硕的菱形较易吸引人，具有活泼、轻快之感；瘦长的菱形，具有箭头之意，故具有指引作用。

梯形：具有大方、明确、稳定、轻巧之感，对人有一定的吸引力。正梯形具有稳定、生动、含蓄的稳定感；倒梯形因上大下小，则具有轻巧的运动感。

（3）三角形

三角形具有坚固、平衡、稳定的特征，因此，在日用产品、家具、桥梁及建筑设计中应用较广。在产品形态中，常见的三角形有正三角形、等腰三角形、锐角三角形、倒三角形、斜三角形等。

正三角形：正三角形具有稳定、结实、坚定之感，有一种逐渐上升的含义。其在原始建筑中应用极广，从埃及的金字塔到哥特式建筑，都使用了正三角形。

金字塔使用正三角形（图2-3-5），一方面强调结构受力，另一方面方便雨水下流；哥特式建筑使用正三角形，一方面加强建筑承载力度，另一方面防止冰雪堆积。

等腰三角形：等腰三角形有向上、对称的稳定感，平稳中有变化，常用来表达安定、向上之意。

锐角三角形：锐角三角形具有方向性的指引效果，锐角向上，有向上顶起之意；锐角向下，则有向下刺入之意。由于锐角对流水、空气等阻力较小，一般船头（图2-3-6）、飞机头、火车头、火箭头都采用类似的锐角三角形的结构，所以在现代设计中，锐角三角形是一种速度、前进的象征。

图2-3-5　金字塔的正三角形

图2-3-6　船头锐角三角形

倒三角形：倒三角形是最不安定的，只有在旋转运动中，它才能站立住，如图2-3-7所示的陀螺。

斜三角形：斜三角给人以运动、倾倒之感，活泼但不安定，常用来表达倾倒、危险、不定之意。

图2-3-7　倒三角形的倾倒之感

（4）曲线形

在产品形态设计中，常见的曲线形有：圆形、椭圆形、扇形、叶形、心形等。如图3-2-8所示为自然界和产品中的曲线形态。

图2-3-8　自然界和产品中的曲线形态

圆形：唯一完美的封闭曲线，具有完美、饱满的特征，是最典型的几何形，封闭、饱满、统一，给人以活泼、单纯、充实、完整和灵活的运动感以及辗转的幻觉感，预示运动循环不止。太阳、月亮、地球在人们眼里都是圆的，因此，圆象征一切事物的运动发展。由于联想作用，也会让人产生圆滑、圆润、圆满、活泼、柔和的感觉。

椭圆：具有安详、明快、圆润、柔和、秀丽、单纯、亲切、流畅之感，同时强调了动态和生命感，常用来表达女性性格的柔和、流畅、圆润、秀丽。

扇形：具有活泼、温柔、美丽、明快、流畅、对称之感，常用来表达温柔、快乐之意。

叶形：在自然界中常见的有三叶形、四叶形等。规则结构的图形具有较强的吸引力和对称中心，使人产生可爱、均衡、自然之感，但没有新奇之感。嫩绿的叶子常用来表达儿童的天真可爱之意，而秋天红色的枫叶则常用来表达沉甸甸的收获、成熟之感。

心形：具有温馨、亲切的人情味，常用来表达心意或爱情之意。

（5）自由形

自由形以不规则曲线或自由曲线作为面的界限，形成不规则形，它虽不像几何图形那样可以用数字方程式表达，或通过几何方法绘制出来，但它并不因此失去美感，反而具有活泼、大胆、奔放、流畅、自由、高贵的特点，如图2-3-9所示。但往往会因缺乏严谨，而使人有不端正或杂乱感，由于自由曲线在加工中难以掌握，制作成本高，难以实现批量生产，故在现在的产品形态中较少使用。当快速成形技术得到发展和普及时，相信自由曲线、面投入批量生产将不再是一件难事。

图2-3-9　生活中的自由形

在产品形态设计中，要善于把严谨的几何形与活泼的曲面结合起来，取长补短，求得变化与统一，才能使形态既有几何形的明确、简洁，又有自由曲面的活泼、奔放。运用自由平面形设计产品形态，一定要考虑此时所用的材料是否具备曲线、曲面成形的条件，考虑什么样的加工设备和工艺才能实现曲面、曲线的成形。一般在小型塑料件中使用较多。

（6）偶然形

偶然形是指自然产生的形态，而不是预先设计好的形状，如：水和油墨、混合墨泼洒产生的偶然形等，比较自然生动，有人情味。运用不同的工具、材料以及不同的操作方法，均能出现意想不到的偶然形，具有吸引人的魅力，但无法批量生产，故在产品形态设计中很少使用。

在面与面的过渡中，平面与其他面相交，更多的是体现交线的个性特征。有规律、有秩序的交线会给人以明了、简洁、安定、牢固的印象；反之，会给人以明快、活泼、多变的感觉。如果曲面与曲面过渡很平缓、舒展，则曲面形态给人以圆润、平静和含蓄的感觉；如果曲面与曲面的过渡很强烈，变化很快，则曲面形态会给人以力感、动感和直白的感觉。

2.3.1.6 面的作用

面的量感和体积感常在版面中起到稳定作用；面可用多种方法来表现二维空间中的立体形态，使之产生三维空间感；面的深浅在版面中能起到丰富层次的作用。

2.3.1.7 面的构成组合形式

用等距离的垂直线和水平线来组成两个正方形，它的长宽感觉不一样，水平线组成的正方形，给人感觉稍高些，而垂直线组成的正方形则使人感觉稍微宽些。所以穿竖格服装的人显得更高一点，横格的则显得矮些。

平面构成是产品形态设计的重要环节和基础，在包豪斯学校的时代，平面构成就作为一门课程单独确定下来。平面构成主要用于视觉传达设计，其涉及的领域很广，如包装、印刷、装潢、广告、海报、商标、设计、标志、招贴等，在产品形态设计中，二维空间的控制面板设计，三维空间的比例分割与构成、动态构成的电子显示板及计算机动态虚拟设计，都需要平面构成的基本内容。下面，从产品形态构成的角度，着重讨论二维平面元素构成的原则、三维空间分割与构成法则（图2–3–10）。

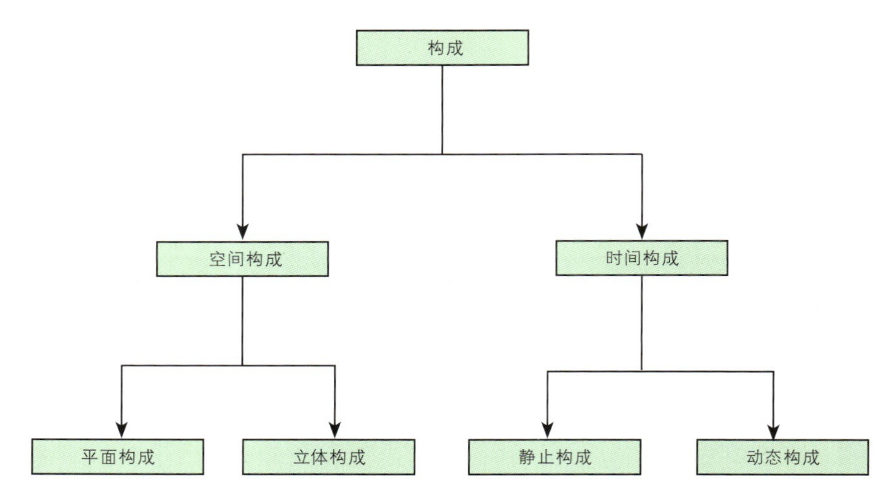

图2–3–10　面的构成组合形式

（1）两个元素构成基本形式

在平面设计中，涉及的元素较多，两两元素相遇，之间会呈现出以下8种形式，如图2–3–11至2–3–18所示。

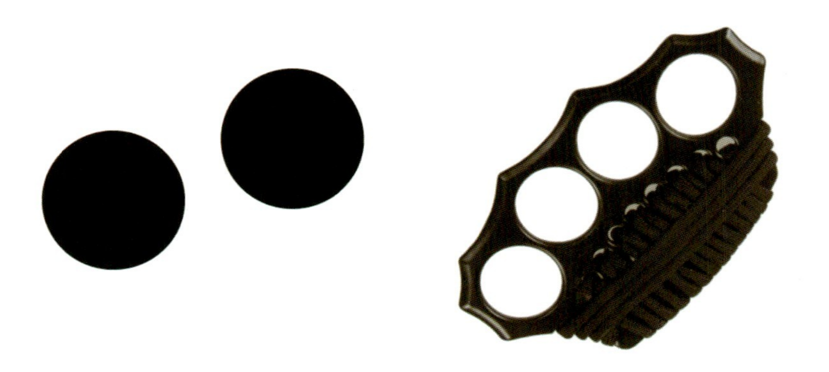

图2–3–11　分离：两个形象之间保持一定的距离

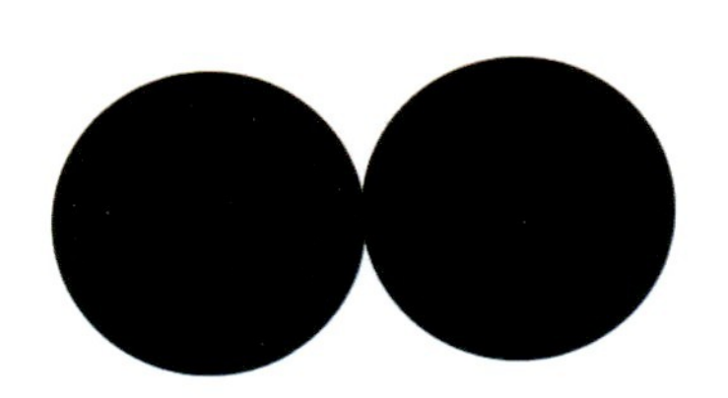

图2-3-12　相接：两个形象之间恰好相切接触

图2-3-13　覆盖：两个形象之间有部分重叠

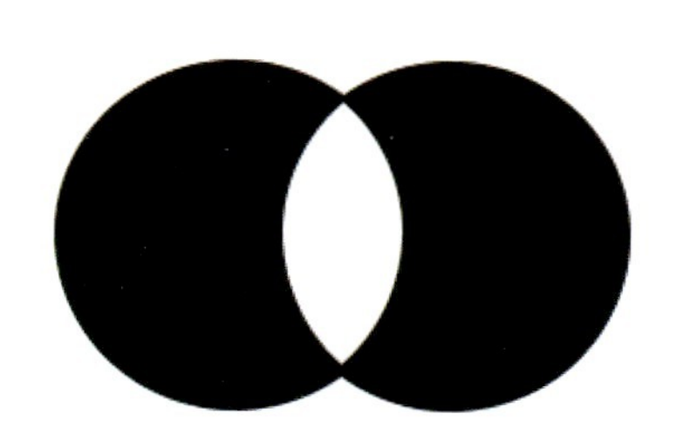

图2-3-14　透叠：两个形象之间重叠部分有透明感

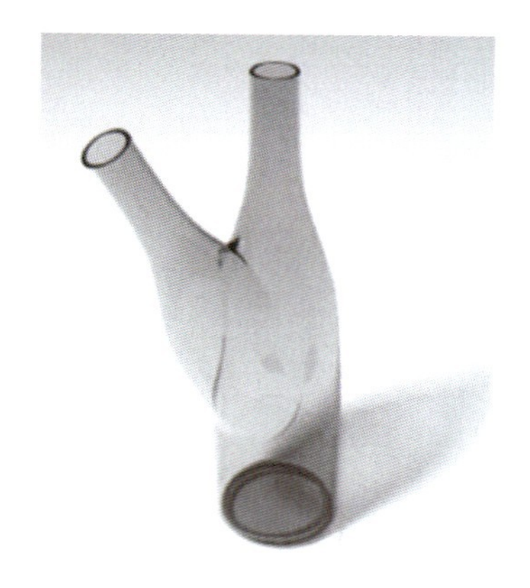

图2-3-15　联合：两个形象相结合，形成新的形象

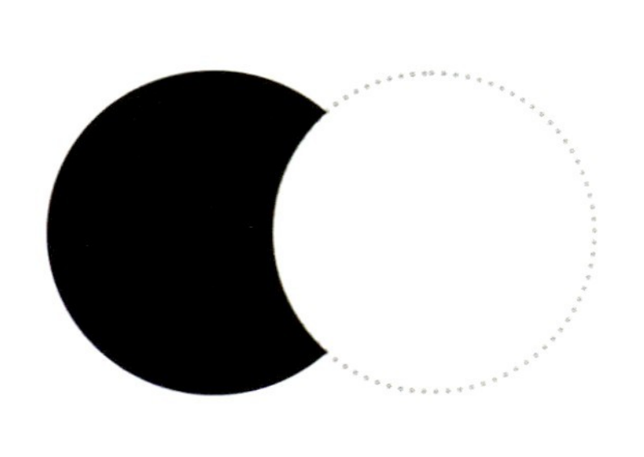

图2-3-16　减缺：两个形象重叠部分前者可见，后者不可见

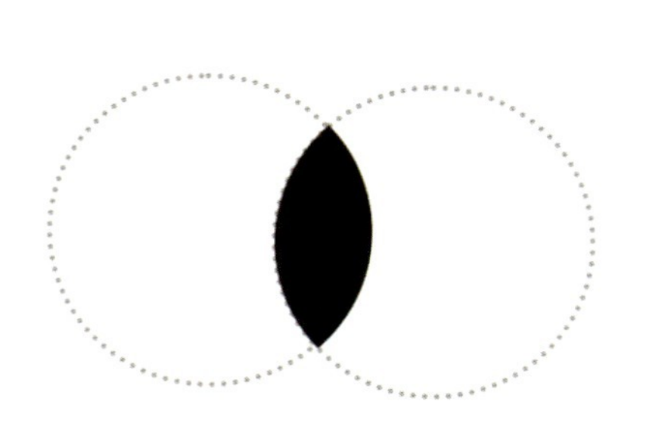

图2-3-17　差叠：两个形象重叠后，只有重叠部分可见

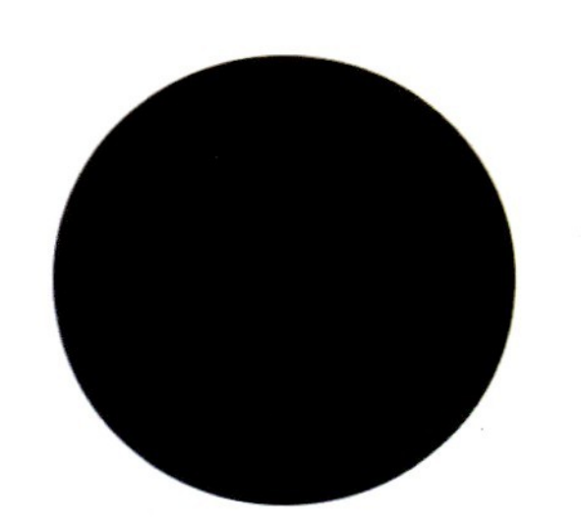

图2-3-18　重合：两个形象完全重合在一起，合二为一

另外，根据产品形态的具体要求，灵活运用平面构成中的一些手法，如单体的设计与变化、骨骼的变化、重复构成、近似构成、特异构成、渐变构成、发射构成、密集构成、对比构成、肌理构成的形式和法则，也能实现产品的形态设计要求。

（2）均衡构成的基本方法

均衡构成的基本方法有：反射、移动、回转、扩大。在产品形态设计中，针对某一设计主体，灵活、综合地运用这几种基本方法，能较快收到理想的效果。

2.3.1.8 与面相关的构成原则

（1）类似原则

越形似的东西越容易构成图形。人的视觉和知觉容易将大小、形状、色彩、明暗、速度等相似者予以群体化而形成图形。

（2）接近原则

越接近的东西越容易形成图形。从时间或空间的观点来看，接近的事物易于被群化。换句话说，多个同样质地、特征的物体相互接近时，易于被视为一体。

（3）闭锁原则

闭锁的东西容易构成图形。如人们平时常用的“括号”，即具有封闭的作用。在视觉中的“闭锁”，是指补充存在于不完整的视觉画面上的间隙或空间的视觉倾向。

（4）连续原则

连续的线或形态易于构成图形。人的视觉容易对连续的线或形产生群化，即使是中间切断或者与别的线交叉，仍然会因整体强烈的连续流动性而显示出群化。

（5）规整原则

有规律或按比例间隔排列的物体或图形有整体之感时，容易构成图形。在设计中，只要很好地运用成形法则，会大大增强视觉认识效果，塑造出更有特色和风格的作品。

2.3.2 面的产品形态设计应用

工业时代的特征是机械化大生产，因此几何形式美就成为功能主义的美学观点，“外形跟随功能”，也就是艺术与技术的结合。但是随着信息时代的到来，物质文明和科技高度发达，人们对产品的要求不再停留在简单的实用性上面，而更加注重产品造型的时代感。面元素在产品形态设计中的应用可以体现纤薄的感受，丰富形态空间的塑造，同时符合简约的设计风格。

2.3.2.1 包裹内部

面是体的组成部分，面与面的结合，组成了复杂的形态。面与面的围合可以产生丰富的形态变化，打破传统封闭形体的沉闷感受，同时满足产品内部结构的需要和产品功能的需要。例如尘桶式吸尘器设计，传统的设计思维是把产品分解成两个空间区域，一个是安装电机的部分，另一个是尘桶的部分，为了满足功能和结构的需要，这两部分都是圆柱形的基本形态，普遍的设计手法也是在两个功能模块之间做些过渡变化而已，缺少新意。利用面元素组合而成的尘桶吸尘器别具特色，主体部分通过两个黑白色彩的对比，产生独特的视觉感受，同时满足了电机的安放和尘桶的内置空间需要，设计打破了传统吸尘器的造型感受，显得整体而时尚。

2.3.2.2 显示纤薄

以面为主要形态元素的产品设计，与传统以体块为主题的产品设计比较，会显得变“薄”了，这是因为面与其他形态之间产生了虚空间，丰富了形态的空间变化。以鼠标的造型为例，传统的鼠标造型采用整体围和形成的块，显得呆板沉闷。微软的一款无线折叠鼠标设计，却是从面元素设计入手，整个鼠标的顶面采用一块整体的黑色面，使用的时候展开面与底部的部分之间形成了虚空间，整个鼠标给人一块薄片的视觉感受，引人注目。

2.3.2.3 增加层次

在产品的主体形态上面加入面元素作为装饰可以增加产品的层次感，面与主体形态形成主次、大小、前后的对比关系，丰富产品的造型语言。Philips的一款音箱的设计，打破传统音箱简单的块状构造，进行了块状的切割处理，并且在前面板设计上增加了一块半透明材料的装饰面板，面板采用曲面的形式，且边缘也是弧线形的造型，呼应了面的曲面特征，增加了产品造型的层次感，同时凸显了喇叭等功能区域。

2.3.2.4 形象与空间

形象与空间是不可分割的两个部分。平面图形中的空间是一种虚拟的空间，可以通过强调空间的深度和空间的变换来实现平面的扩展。

我们通常称形象为“图”，其周围的空间称为“地”。一般来说，“图”与“地”是共存的。具有前进性，在视觉上具有凝聚力的，容易成为“图”；相反，起陪衬作用的，具有后退感的，依赖图而存在的则成为“地”。“图”与“地”两者的关系是辨证的，常常可以进行互换。“图”与“地”是相互联系的，因此在设计的时候一定要统筹兼顾，充分利用“图”与“地”的变化关系，从而获得完美的视觉效果。

2.4 产品形态设计的体要素

2.4.1 体的特征

2.4.1.1 体的概念

体在几何学上的概念是由面的移动、堆积、旋转而构成的，即被面包围的空间，具有长、宽、高三维空间的概念。体占有实质的空间，从任何角度都可以通过视觉和触觉感知到它的客观存在，较之点、线、面等构成要素有更丰富的表现力。

2.4.1.2 体的分类

常见的体有正方体、长方体、棱锥体、棱柱体、圆锥体、圆柱体等（图2-4-1）。在产品形态设计中，体有实体和虚体之分。所谓实体，是指占据一定的空间、有一定体量感的实体形；虚体则是与实体相对而言的，它是指被点、线、面所包围而占据一定空间的虚形体，也称为消体，应用较广，如内封闭的空间（衣柜内需空间、冰箱内需空间）、外形的虚空间（整体橱柜中部空间），橱柜操作台整体形态可以看作由两个叠加的矩形组合，一个是虚体矩形，一个是实体矩形。

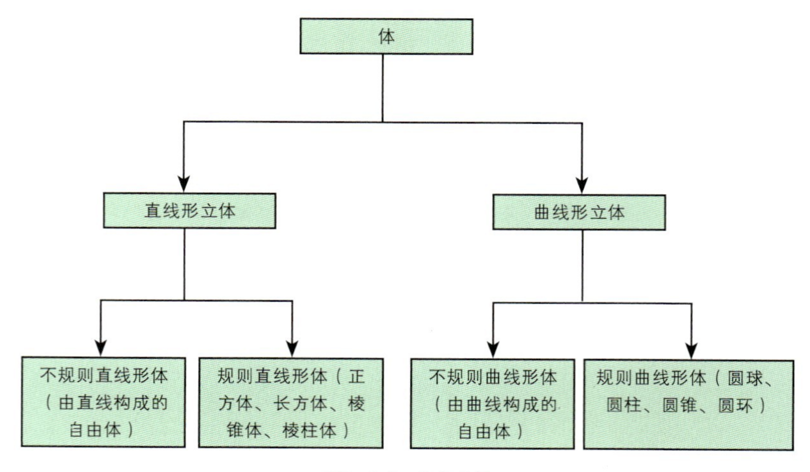

图2-4-1　体的分类

按体的轮廓线形分类，可以分为直线形立体和曲线形立体。直线形立体包括规则直线形体和不规则直线形体。曲线形立体包括规则曲线形体和不规则曲线形体。尽管在产品形态设计中形态千变万化，然而几何形体是应用最多的。

2.4.1.3 体的构成形态

各种形体成型法则不同，其表现特色也不同，造型设计上应根据所创造的形体灵活运用，产生不同的视觉效果。

以构成形态区分，体可以分为半立体、点体、线体、面体和块体。

（1）半立体

半立体是以平面为基础而将其部分空间立体化，主要特征表现在凹凸层次和光影效果方面，使单调的平面产生变化（图2-4-2）。

图2-4-2　凹凸层次和光影效果半立体

（2）点体

点体是以点的形态在空间所产生的视觉凝聚的形体，占据少量的空间，形成玲珑、活泼的独特效果（图2-4-3）。

（3）线体

线体，是以线的排列、交织在空间所构成的形体，占据的虚空间非常显著，通常形成具有穿透性的深度感。线体给人的基本视觉特征是具有轻量感、挺拔感、柔软感，构成空间后，有空灵感、紧张感及视觉导向感，体量感较弱（图2-4-4）。

（4）面体

面体，是以面的形态在空间所形成的形体，有分离空间或虚或实或开或关的局限效果。当视线移动时，面体会产生忽实忽虚、时轻时重的多样变化。面体一般具有轻薄感、平整感，表面有充实感、紧张感，侧面有空间感（图2-4-5）。

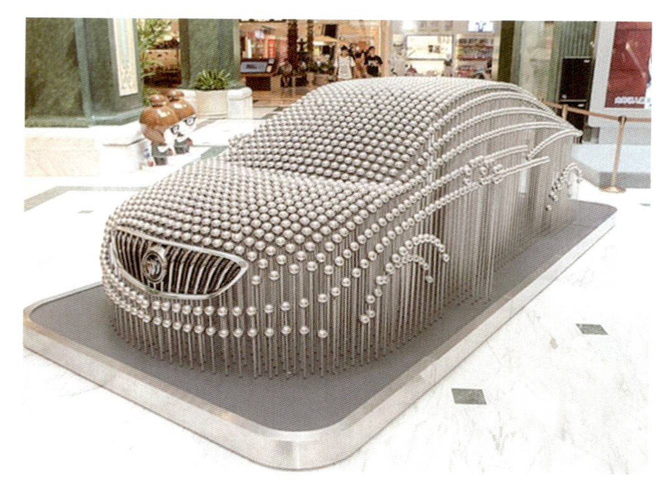

图2-4-3　点的形态在空间所产生的视觉凝聚的形体

图2-4-4　线体

图2-4-5　面的形态在空间所形成的面体

（5）块体

块体，是以长、宽、高三维的形态在空间构成的完整封闭的立体，有显著的空间区域和较强的量感，给人以厚实和浑厚的感觉（图2-4-6）。

图 2-4-6　块体的量感

2.4.1.4 体的性格特征

体和线面一样，也具有性格特征，体的特征在于量感和空间感的表现。量感包含两方面的含义，一是指形体的体积和分量，是物理形态的量，是实际的，客观存在的；二是指心理的量，是形体在视觉上给人的心理感受，体现了人们对形体的本质感觉，是相对的。对外部的抗拉力、自身的生长感、空间的扩张性都直接影响形体的量感。人们的感觉几乎都是经过绝对量感和相对量感的比较经验，从绝对的量进一步向心理的量发展。

立体的性格除了由其轮廓线的性格决定之外，还以体量的形态来衡量。

细薄的体量：具有纤柔、轻盈之感。

矮小的体量：沉稳、灵活，给人小巧、轻盈之感。

厚实的体量：具有敦厚、结实之感。

高大的体量：具有雄伟、庄重感，同时也会使人产生压抑感。

虚体由于虚空间是开放的，故没有压抑感，其表情是轻快的。

空间感的形成是实体对空间的限定与扩张产生的。实体所限定的空间是物理空间，又称实体空间；而由形态的扩张感或构件之间的联系形成的空间称为心理空间或虚空间。空间感的本质是实体向周围的扩张，这种张力是由实体的内力运动变化冲出表面而激发的，形成蓄动之势，创造一种场空间。实空间是虚空间存在的前提，而正是由于虚空间的存在，人们才可以在形体的认知和表达中强化并突出它，形成优异的造型效果。实空间给人以重量、稳固、封闭、闭合性强的感受；虚空间使人感到通透、轻快、空灵而且有透明感（图2-4-7）。

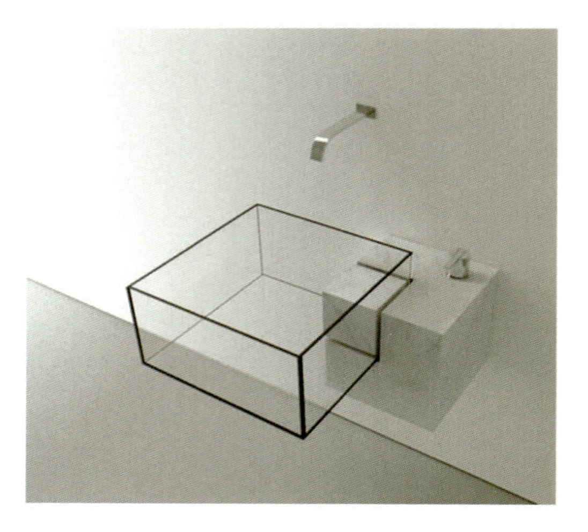

图2-4-7 虚空间

2.4.2 体的构成要素

2.4.2.1 立体构成与类型

在抽象形态中，几何形体块的构成是最基本的构成法。立体几何形的单独体可以分为：球体、立方体、柱体、圆锥体等几种基本形体。可以是实心的单独体块，也可以是体现空间的空心体块。如果加以物理外力作用进行拉伸或挤压，使这几种基本形态变形，便可以产生具有多种生命力的造型。把这些相同的和不同的单独体加以组合，将能变化产生出丰富的形态。

（1）球体构成

立体造型中的球体，是圆点的放大，象征着美满和团圆。球体构成是自然形态向艺术造型转变的飞跃。

（2）立方体构成

立方体有6个面、8个角点、12根边线。根据这种形态的基本元素，可以从中进行变形、分割、组合，获得更多形态的构成形式。

（3）柱体构成

柱体的造型有圆柱体和方柱体，又可以看成是放大的线和圆弧形的面。圆柱体平切为圆形，斜切为椭圆形。圆柱体的长短及不同的构成有着较大的潜力。

（4）圆锥体构成

圆锥体形状很容易让人想起原始石器时代的利器。锥体的造型特点是尖锐刚劲，具有明确的指向性。

造型上除了几何形体的组合构成外，还有其他各种形态的综合构成。这些构成表现丰富、形式多样，还融合了造型之外的空间、光学等。

（5）空间构成

空间在立体构成的形式表现上，向外伸延拓展的部分称外空间，是实体的界定空间和视觉的感觉空间二者合一的体现。它以各种稳定、平衡的模式体现，尤其是在建筑上，如悬空的平台、圆形的拱门、大桥的斜拉索等。这些都是通过各种重心力、拉力、压力来使建筑物稳定的，同时也给人一种“惊险”的视觉美感。

（6）光立体构成

随着时代的发展与科学的进步，光立体构成的现象也越来越引起艺术家与人们的关注。从城市夜景、室外的霓虹灯、建筑、街灯，到室内的商场、宾馆、舞厅的装饰照明灯；从节日欢快的彩灯组合、烟火、喷泉水柱的激光交叉光束，到清静悠闲的灯光、灯笼，所有这些光的构成表现，我们把它们看成是材料元素，用以把握构成三维立体的造型形态。

光立体构成有大小、形状、位置、形式和色彩变化，另外，还有光和影的动感变化。所以，我们也将其归为两类：一类称光体固定构成，指发光体依附造型本身，固定不动；另一类称投射动感构成，使光体以发射、交叉形成，并带闪烁动感变化。

2.4.2.2 立体构成要素

（1）点的特征

点是形态中最基本的元素，也是形态世界最小的表现极限，它在空间中呈漂浮状态，有长短、宽窄及运动方向，它是由各元素相互对应、相互比较而特定的，如随着点与块的缩小与扩大，它们之间互相转换，形态上造型语言的不同会产生不同的感受，如角状点型有强烈的冲击力，曲状点型则有柔和的漂浮感。点的表现形式无限多，或方或圆或角或其他任何形状，还可有实心和空心的变化。

（2）线的特征

线存在于点的移动轨迹、面的边界以及面与面的交界或面的断、切、截取处，具有丰富的形状和形态，并能形成强烈的运动感。

线从形态上可分为直线（平线、垂线、斜线和折线等）和曲线（弧线、抛物线和自由线）。几何曲线能表达饱满、有弹性、严谨、理智之感，同时也有机械的冷漠感；自由曲线是一种自然、优美、跳跃的线型，能表达圆阔、柔和、富有人情味的感觉。

（3）面的特征

面作为构成空间的基础之一，具有强烈的方向感，面的不同组合方式可以构成千变万化的空间形态。面在空间形态上可分为平面和曲面两种形态，平面有规律平面和不规律平面，曲面有规律曲面和不规律曲面。圆形总是封闭的，具有饱满和统一的效果，能表现流动、和谐、柔美的感觉。不规则面的基本形是指毫无规律的自由形态。

（4）块的特征

块的基本特征是由面围合而成的三维空间，也可以由面运动而成，大而厚的块体能产生深厚、稳定的感觉；小而薄的块体，能产生轻盈、漂浮的感觉。块体可分为几何平面体、几何曲面体、自由体和自由曲面体等。几何平面体包括正三角锥体、正立方体、长方体和其他几何平面所构成的多面立体，具有庄重、严肃、稳定的特点。

思考与练习

选取一件电子产品进行设计素材的收集，将具象的素材抽象化，进行解构。按形式美法则用最基础的点、线、面构成元素来获得理想的布局形式，并进行重构，此时要以设计的手段来让元素变得更精致更富视觉冲击力。

第3章　产品形态设计的影响因素

3.1 环境与产品形态设计

3.1.1 自然环境

自然环境是人类赖以生存的基础，同时也是所有设计活动所指向的对象，即设计的客体。人类在依赖自然环境的同时，也在极力将“自然之物”变成“为我之物”。尽管设计活动的目的之一就是改造自然环境，但并不等于设计活动可以脱离自然环境的束缚而随心所欲地进行，因为任何设计，都不可能在超越文化背景的情况下发生、发展，换言之，自然环境在一定程度上对设计存在制约作用。

我国是个幅员辽阔的国家，拥有曲折而漫长的海岸线，正如《尚书·禹贡》中所描述的我国古代的地理环境：“东渐于海，西被于流沙，朔南暨，声教讫于四海。”这为我国文化的独立发生和发展提供了可能，并且减缓了域外文化的影响与冲击，使其保有很强的连续性，从而形成了一脉相承、多元体的设计文化。但同时，这种隔绝也滋长了“足乎己无待于外之谓德”的封闭自足意识。

正是设计文化的多元体，才更折射出地理环境的丰富与复杂。在中国这片广袤的国土上，不同的民族“居楚而楚，居越而越，居夏而夏”，在不同的地形、气候等自然环境中生活，食物来源于不同的动植物，有着不同的社会需求，从而形成了不同的思维方式、社会生活习俗及社会制度等，这些又共同构成了独具特色的民族文化，正所谓“百里不同风，千里不同俗”。所有这些反过来又决定着对设计产品的不同需求。为了适应不同地区不同民族的生产生活需要，带有地域特色的设计产品应运而生。因此，不同自然环境下的设计与设计文化是各异的。

例如，在我国南方地区，由于河汊较多，为了出行方便，人们的房屋通常采用房前街巷而房后水道的样式，船为许多地区主要的交通工具之一。相反在北方地区，则是平原为多，四通八达的马路使得车辆成为人们首选的出行工具。《史记·河渠书》中“陆行载车，水行载舟，泥行蹈毳，山行即桥”，正是交通工具（设计产品）因地而异的最好写照。

中国西高东低的自然地势走向，决定了河流由西向东的基本流向，与之相反，山脉则多为南北向，在一定程度上阻断了东西向文化上的交流。由于我国地大物博，先祖对于海洋的重视程度自古以来就远远弱于对河流的重视程度，换言之，中国是个注重大河文化的国家。在众多的河流区域，如黄河、长江等流域几乎都有人类文化遗迹的发现。但由于地域不同，各文化遗迹所属的文化类型也不尽相同。

黄河流域出土有大量彩陶，半坡、庙底沟、石岭下、马家窑文化类型的彩陶上多饰有鱼类纹，而同处黄河流域的半山、马厂文化类型的彩陶则以几何纹为代表，其中神人纹尤引人注目。长江流域则以玉器为多，以玉琮、玉璧等为代表的良渚文化，器物上则以饕餮纹等为多（图3-1-1）。由此可见，不同地理环境下形成并被发掘的文化遗址各有典型器物，不同器物上或绘或铸或刻有各不相同的典型纹饰，这些器物及纹饰在向世人展现先民们生产生活用具的同时，也在一定程度上反映出当时该地区的文化特点。

图3-1-1　良渚文化器物中的饕餮纹

由于地理位置、交通条件等的差异，导致了各地区与外界的交往程度各不相同，有的地区与外界交往频繁，相对开放，这种类型的自然环境归类为开放型。而边远地区及山区，由于交通不便，与外界的接触甚少，自然环境相对封闭，将其归类为封闭型，两种类型的自然地理环境对设计的影响各有利弊。

地处交通要道、自然地理环境优越的地区，人们与外界的接触频繁，南来北往的人们带来了先进的技术，从而带动该地经济的发展。除了新技术的注入之外，人们的思想也更为开放，思维方式不再固守旧式，相对于偏远地区的人，他们更容易接受新的、对该地区发展有利的思维方式，更有可能做到“海纳百川”“包罗万象”。这类地区的设计总是在不断变化发展，无疑，这样的变化对设计的发展是非常有利的。

当然，任何事情都存在两面性。这种开放型自然环境中的设计，由于受外来种种因素的影响较多，因此在发展过程中所保留的具有地域特色的元素就相应地在减少，所呈现的是多元文化交流后相互融合的特征。如唐代的长安，可谓是当时的国际性大都市，商业的空前繁荣使之成为世人皆向往之地，长安城内胡汉杂居，这使得本就处于丝路重地的长安城多元文化杂糅共存。我们从胡、汉共乘一头骆驼的三彩骆驼俑就可见其一斑（图3-1-2）。

图3-1-2　三彩骆驼俑

与外界接触少的封闭型自然环境中的设计又呈现出另一番特征。由于与外界的接触机会甚少，更谈不上相互交流。这就导致新的技术不能引进，从而造成了这些地区经济的落后，并且很难出现新的设计产品，那么设计也只能维持原样，或在原来的基础上缓慢发展。当然，由于当地经济的落后，人们对于新产品的要求并不高，更多的只是世代相传的手工艺。

自然环境的长期封闭，最直接的结果便是人们思想的相对保守，思维并不是很活跃，并且人们习惯性地将眼光聚集在本地区内，更擅长继承和发扬本地区、本民族的手工艺，同时也对新事物具有一定的排斥性。由于受外来文化的影响甚少，该类地区更好地保留了自己最原始、最本真的习俗与文化，套用现在我们常用的一种说法就是“更好地保留了原生态的东西”。这些灿烂的、具有鲜明民族特色的民俗文化与传统手工艺，无疑是设计取之不尽、用之不竭的重要源泉。我们现在大力提倡保护的非物质文化遗产就主要存在于这些地区。正是丰富多样的地理环境，养育了千姿百态的地域文化。

总之，自然环境与设计的关系密切，有时甚至对设计起决定作用，自然环境不同，要求有与之相适应的不同功能的设计产品为人类所用，但这种决定作用并不是绝对的。在生产力高度发展的情况下，自然环境对设计的影响则相对减弱，同时，人类在不断将自然之物改造成为自我之物的过程中，自然环境也在不断变化，但自然环境的变化与设计的发展并不是同步的，因此我们只能说二者关系密切，无论谁决定谁，都是相对的。

历史地理环境对产品形态的影响是至关重要的。产品形态也随着时间的推移在不同的文化环境下形成自身的个性。文化是人类知识、信仰和行为的总和，地域文化不是仅仅指被划分地域所形成的文化概念，还指具有相似文化特征和生成这个文化的时空概念。地域文化往往包括某一个地域人们的语言习惯、生活习俗、思维模式、消费观念、消费习惯等。也就是说，它体现了某一个地域特有的文化。一个地区特有的地理环境，使人们产生了依赖，形成了这个地区特有的风土人情，而这种文化反过来又引导着这里文化的发展。文化的地域性，是说一个地方的文化不同于其他地方文化的特征。在远古时候，由于交通的不便，这种现象更为突出。科学不发达使得早期人类的活动总是限定于一定的地域范围内，产生对一定地理环境的依赖习惯，因此，人类的文化就不可避免地带有特定的地域印记。

生活在北欧的斯堪的纳维亚半岛（瑞典、芬兰、冰岛、丹麦、挪威）的人们，由于处在欧洲北部，远离欧洲中心的独特地理位置，加上其悠久的地域文化和艺术传统，使得北欧人眷恋自然，有着回归自然、成为大自然一员的向往，希望能远离工作时的紧张与压抑，过着轻松、随意的居家生活，这使得他们的生活松散、自由，一周工作4天半，星期六和星期日连在商店工作的人们也要休息，与家人团聚。北欧人强调民主，倡导人与自然间和谐的朴实之美，在设计领域一直保持着自己特有的艺术风格，对设计文化品质的追求和特有的艺术精神，被称为斯堪的纳维亚设计风格。这种设计风格的特点是：重视产品的经济法则和大众化的设计，物美价廉，强调有机设计思想和产品的人情味，善利用自然界提供的材料，以人机工程学原则进行的理性设计，突出产品的功能性。在这种设计风格的影响下，斯堪的纳维亚风格的家具、器皿、灯具造型都体现出简洁、有机的形态，电子产品的形态多体现出高科技和简约的风格（图3-1-3）。

在欧洲，由于南北跨度较大，北寒南暖，使得欧洲南北建筑形态具有各自的特征。北方由于阳光较少，人们对阳光充满憧憬，因此，北方的建筑一改古罗马半球、拱形的建筑风格，将金属框架技术与石块相结合引入建筑建造，形成新的建筑风格，尽量使用落地窗户构成，希望能得到更多的阳光，这大概就是这个地域产生哥特风格建筑的主要原因；而在南部，由于阳光充足，不论是古希腊神殿，还是文艺复兴的建筑，窗户都很少（图3-1-4）。

图3-1-3　斯堪的纳维亚风格的设计

图3-1-4　古希腊神殿

3.1.2 社会环境

产品设计是多种信息复合的设计活动，其产生的人造物体必然反映人们的生活方式和文化意识，也就必然受到地理人文环境因素的制约。如果我们能尊重自然、尊重文化，进行生活设计，设计特色差异就不找自出了。即便是在一个国家或民族范围内，由于存在较大的地理差异，也会形成不同的生活方式，特别是像中国这样一个地理跨度巨大的国家，其地理差异对人们生活的影响就更加明显。同时，由于人们要适应自然环境才形成了各自的生活方式，在长期的生活过程中自然也就形成了与之相适应的文化心理或审美情趣。

产品是一种设计的文化，不同时期不同地区的产品都会反映出当时社会人们特定的思想观念和文化特征。另外，人们也希望通过对某些产品文化特质的感知，在心理上产生对某种文化的联系和沟通。传统文化概念的含义非常广泛，它不只是几千年来各民族在社会实践和发展过程中所形成的观念形态和行为方式，还是各民族人民对客观世界和主观世界的认知，以及人类自身社会实践的一切文明成果的反映。传统文化在形式上包括语言、文学、音乐、舞蹈、游戏、神话、礼仪、习惯、手工艺、建筑及其他艺术等。

不同国家的传统文化，具有不同的特点。例如，中国的传统文化，离不开儒、道、佛文化，具体体现在文学与艺术等方面，有着无限丰富的表现形式：神话文化、诗歌文化、戏曲文化、曲艺文化、音乐文化、绘画文化、影视文化等。例如，中国戏曲脸谱，是戏曲文化现象中一个重要的组成部分，有着深厚的文化意蕴和丰富的历史内容。

由日本设计大师深泽直人设计的手表（图3–1–5），如同他的其他作品，用最少的元素来展现产品的全部功能，而且表现得十分美丽。相对于现代主义，能在他的作品中找到更多属于亚洲人的细腻优雅。同样，德国的博朗电器以理性、冷峻的设计风格以及强烈的逻辑感传达出“高尚深邃的生活品味”，从视觉上将先进技术隐于低调结构之中。

图3–1–5　深泽直人设计的手表

现代设计中，实现功能已经不再是重要的目标，人们开始追求由物品所带来的符号意义—— 一种不可预料的价值。因此，产品形态要被赋予更多的感性文化信息，树立明确的产品形象，显示心理性、社会性、地域性、文化性的象征价值。不同地域传统文化，将成为设计创造源泉的一笔财富，需要我们对其深入研究并合理运用体现。20世纪60年代初，最早在德国设计界所倡导的现代系统家具设计与制造中，诞生了32mm系列设计方法和概念，现在已经成为世界板式家具的通用设计标准。

德国设计对产品形态的把握最终归宿于对产品内部功能的需求上，这是自然环境对德国设计风格的产品形态的影响。生活在不同的文化环境中，不同设计师有不同的设计风格和态度，它是人们创造精神要素的载体。既然设计的主体是设计师，而设计的内容又来源于人们的具体体现，因此在产品形态设计中，设计师的文化修养、知识在不断改变着自己的生活方式。文化在无意识的“设计”中，发生着悄然的变化。人类创造、反映了人们对社会的认识，产品形态设计文化因人而有别。不管是文化本身还是设计本身都是通过文化展现对世界的认识和表达，特别是后现代主义设计风格产生的影响，文化通过设计展现人们对世界的认识，同时设计反过来成为产品形态设计的第二质量，在实际产品设计中，激励文化的发展。

3.2 人群与产品形态设计

消费心理学认为人的任何外部行为都发自于内部的心理活动。用户具有人类的某些共性，如思想、感情、情绪等，但他们又有不同的兴趣爱好、性格气质、价值观念等。所有这些特性共同构成了人的心理，也称之为心理活动。心理活动是人脑对客观事物或外部刺激的反映活动，它处于内在的隐蔽状态，无法从外部直接了解。

普遍认知是群体的行为，具有相似性，如受国家、地区、民族传统、文化、风俗习惯等因素的影响，人们对色彩的喜欢和禁忌存在差异。中国人喜欢红色，认为它代表喜庆；同样不同性别、年龄的人，对色彩的喜好也不同，男性喜欢带有刚强、庄重的色彩，而女性喜欢温和、典雅的色彩；年轻人多喜欢明快的色彩，而老年人则喜欢含蓄的色彩。再如风格的偏好，正统派的人群相对比较保守，这也表现在对产品形态的接纳程度，他们倾向于选择传统的或由传统发展而来的形态；而现代派的群体浑身充满艺术感和运动感，个性强烈，他们倾向于充满时尚感的产品形态。

3.2.1 性别与产品形态设计

针对不同的对象，设计人员理应采取不同的设计方针，在充分了解设计服务对象的具体情况以后，必然会发现由于对象的不同反映在产品存在形式上的差异。市场学的知识有助于我们了解两性消费群体在市场中的一般表现，而设计学、美学能够帮助我们把握住为不同性别特征人群的设计语言。在产品设计中的确存在性别上的差异，不仅是在产品的种类上，而且在产品的造型语言、操作方式、系统环境等方面都有明显的性别差异。审美心理学、产品语义学都认为产品设计存在规律性，通过分析美产生的客观和主观依据，把握住设计的对象，会呈现出不同的表现语言，利用造型的要素和客体的审美经验，将感性上升到理性，能够更准确地使设计迎合鉴赏主体的审美要求。

3.2.1.1 从审美心理学体现性别对产品设计的影响

从审美心理学角度讲：“感觉秀美时心境是单纯的，始终一致的。感觉雄伟时心境是复杂的，有变化的。”虽然产品本身并不限制使用者的性别，但是产品的外观风格所表现出来的性别特征与人们思维定式中的性别意象往往具有一定的关联，即认为女性使用女性风格化的产品和男性使用男性风格化的产品都是理所当然的，并且是协调一致的。这是根植于文化中的性别刻板印象的作用和影响产生的结果，也即我们所说的传统直线建构，两者之间强烈的反差显而易见。

女性的手表采用璀璨绚丽的水钻来提高视觉效果，从表盘文字的选用到指针的柔和精细线条都彰显了对女性的吸引力。而男性的手表指针线型上多采用较为硬朗的直线型，边缘的过渡处理采用转折较为强烈的硬连接，与表带对比分明，以此来设计符合传统社会性别定义中的男性形象。但曲线、圆弧线也并非男性产品的禁忌，在现今的设计中，很多针对男性的产品也采用曲线条的造型要素，结合色彩与材质的巧妙搭配，一样赢得了男性消费者的喜爱。可见，在形态要素的构成里，曲线是人们公认的美的造型语言，这也是一种民族审美倾向。设计师应结合具体的设计需要，很好地将这一要素加以利用（图3-2-1）。

图 3-2-1　造型语言性别差异强烈的同一品牌手表

3.2.1.2 从色彩体现性别对产品设计的影响

色彩是产品造型中重要的要素，是视觉传达中最敏感与反应最快的信息符号，可以引起人们对产品的注意与了解，并激起人们的审美感情，产生色彩美感。人们传统上把形状比作富有气魄的男性，把色彩比作富有诱惑力的女性，可见人们认为女性与色彩之间的关联比男性要强烈得多。色彩比形状更能够唤起人的感情，而恰恰女性被视作感性的、和谐的。研究虽发现男性喜爱的色彩大致相仿，色调集中；女性因人而异，色调分散，但普遍认为女性相对于男性对色彩的喜好有如下特点：

① 对色彩的判断更敏感；

② 更喜欢高明度、高纯度、高亮度的色彩；

③ 更喜欢暖色系色彩；

④ 更喜欢多种色彩的组合；

⑤ 更容易跟随潮流改变色彩喜好。

这些喜好特点在家电产品、日常生活用品方面尤为突出。虽然以前有不少研究者对色彩与语义的对应关系作了非常深入的研究，但是不同文化背景和社会背景都影响人们对色彩的认知，因此难以把这些研究统一归类。对于色彩表现出的性别特征，至今也没有完整的归纳。作为临近的亚洲国家，日本对色彩心理学的研究很广泛，我们可以参考符合东方人感知习惯的“大庭三郎色彩感情价值表”。

3.2.1.3 产品体量、比例的性别设计

在为不同性别人群的产品设计中，性别的生理尺度参数显得尤为重要，具体表现在身体尺寸、力量大小、活动范围等方面。由于女性比男性娇小，肌肉力量弱，因此不难发现女性用产品，尤其是女性专用产品的体量、比例要比男性用产品小。

产品的体量指产品的体积和重量，比例则指产品的长宽高比例。例如在对手机进行分析的过程中，虽然手机设计由于技术的发展，普遍做得越来越小，但女性手机基本上都比男性手机要小，除了使手机更加便携，女性的手掌尺寸比男性小也是一大原因。女性的平均手长约比男性短2cm，约为男性的90%，握力值也只有男性的2/3。女性在手机市场里占有40%的份额，并且呈上升趋势。面对巨大的女性手机市场，不少国内外手机厂商已经注意到并推出以女性为卖点的女士手机。图3-2-2所示为为女性消费者设计的美图手机。

图3-2-2 美图手机

3.2.1.4 作业空间的性别设计

在性别设计中，要考虑的人机因素不仅仅局限于产品的本身，还应该考虑到作业空间，包括近身作业空间、个体作业空间和总体作业空间。不同的产品对作业空间的要求比重不同，不少产品对作业空间的要求很高，由于男女的生理尺度和思维方式习惯，作业空间必须作为认真考虑的要素，以保证安全与健康，例如汽车驾驶室、生产流水线、计算机操作台（包括计算机、座椅和工作台等）、一体式厨房等。但相对家电产品、数码产品等个人产品而言，更多的是考虑公用性的设计，而性别的划分相对减弱。像驾驶室、计算机操作台等作业空间往往通过可调节高度或角度的装置来适应不同性别使用者的生理尺度，例如改变座椅高度、方向盘角度等。

作业空间的设计主要由人体尺度和作业习惯决定，女性的身材尺度较男性小，要求的作业空间范围也应该做一定幅度的减小。为男性设计作业空间同样应该从男性自身出发，合理排布空间，优化作业环境。波音747-8洲际飞机独具特色的内部结构，采用了787梦想飞机的内饰功能，如新的弧形拱顶结构，既可以使乘客感觉更加宽敞舒适，又增加了个人物品的放置空间。配合内饰结构的变化，747-8还采用了新的照明技术，为乘客创造出明亮通透的视觉效果，同时还可以通过柔和的亮度调节系统来制造更宁静怡人的环境。而座椅及前后空间的设计，经过人机工程学的原理制造，体贴而人性化，相信坐在上面的每一位男女乘客都倍感舒适（图3-2-3）。

图 3-2-3 波音747-8内部结构

3.2.2 设计适用对象与产品形态设计

在产品设计中，随着通用设计与无障碍设计的兴起，对设计的适用人群有了全新的划分，与单纯的残障人士与非残障人士的划分不同，在通用设计和无障碍设计的设计划分中，人人都可能在全新的环境中成为弱者，这就要求设计的对象变成了所有人。

3.2.2.1 通用设计的产品设计原则

通用设计作为一种全新的设计理念自20世纪80年代初期由美国北卡罗来纳州立大学教授Ronald L. Mace提出以来，已有30多年的发展历程。其通用设计的核心是一切为人类而创造。为人类所使用的建筑、环境、产品设计都应该无对象界定地适宜于所有人群，即在设计中应该综合考虑所有人所具有的各种不同的认知能力与体能特征，构筑具有多种选择对应方式的使用界面或使用条件，从而向社会提供且任何人都能以自己的方式来使用的优良设计。

其通用设计七原则为：

① 使用的公平性原则——指对各种能力的人均有益，都购买得起的设计；

② 使用的灵活性原则——指适应每个人广泛的爱好及能力的设计；

③ 使用的简单、直观性原则——指不论使用者的经验、知识、语言能力和注意力集中程度如何，都应该是方便使用，易于理解的设计；

④ 信息明确性原则——指不论周围的状况或者使用者的感知能力如何，都应该是能够有效地传递必要信息的设计；

⑤ 容错性原则——指因漫不经心或无意识的操作造成的危险和不当后果控制在最小范围的设计；

⑥ 低体能消耗原则——指能不费气力、轻松愉快地使用的设计；

⑦ 尺度空间可接近使用原则——指不论使用者身体的大小、姿势和移动能力如何，在接近、操作和使用时应提供恰当的空间大小和宽敞度。

3.2.2.2 无障碍设计的定义

无障碍设计的出现源于社会对残障人士的关注，其设计就是要满足残障人士最低的物质与环境要求，并通过各种规范、法律的形式确定下来。如今，随着社会的发展、进步及特殊需求人士结构的变化和社会老龄化的趋势，人们认识到人类能力的差异性，即每个人的能力会随着年龄、体能及周围环境的改变而发生变化。同时，能力和残疾是一个相对的概念，任何人都有可能在某一特定的时间段或环境中成为“暂时的”或“永久的”不健全人。譬如，在一个光线不好的环境下，具有正常视力的人其识别物体的能力就会下降，这从某种意义上来说就等同于视觉障碍者等。

3.2.2.3 通用设计使用对象划分

因为通用设计面向的对象广，所以对于问题的考虑更为全面、细化（图3-2-4）。例如，建筑入口的门把手会考虑采用与门同高且易于抓握的杆式把手，这样就能适宜所有身高人的使用，包括儿童及坐轮椅的人士。又如，公共场所的卫生间除了满足无障碍规范中的要求外，还需要考虑将坐便器与蹲便器同时设置以满足不同群体的多种需求。这些都是基于通用设计思考的，而并非仅是关注于残障人士本身。

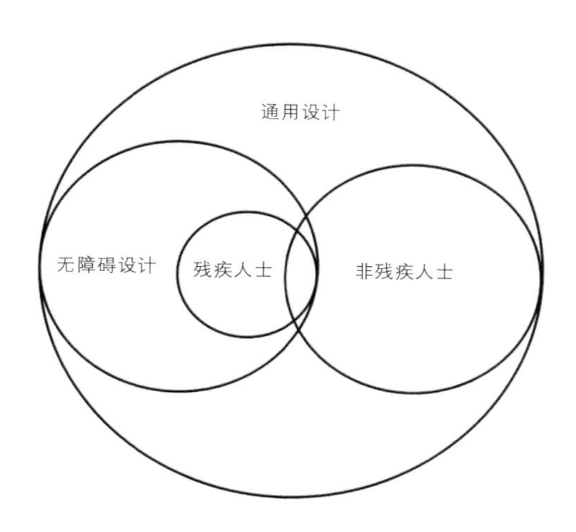

图3-2-4 通用设计适用对象

3.2.2.4 通用设计对无障碍设计的影响

通用设计可以在很大程度上解决无障碍设计所产生的局限性和缺点，并以此来完善和发展现有的设计。

① 较为显著的问题就是那些标有“残疾人专用”的设施无形间将残障人士与一般的人区别开来，而且使得一些设施的设置没有得到充分的利用，与设置的预期目标相背离，以至于一些极具使用价值的空间不得不常常闲置，如一些独立设置的无障碍卫生间等。而以通用设计理念进行思考时，要求在设计初期尽量将无障碍卫生间设置在普通卫生间里，一方面可增加其利用率，满足多种人群的需求（如孕妇、老年人及伤病患者等），另一方面可减少特殊人士如厕时发生意外而没被及时发现的可能性。

② 某些无障碍设计仅考虑特殊群体的需求而忽略了其他群体。如，无障碍设计关注老年人及残疾人在无障碍住宅方面的需求，而忽略了一般性住宅对于不同用户不同阶段的需求，以至于随着住户结构的改变及个人年龄的增长，需对某些空间（如卫生间）进行无障碍改造时，因相应位置缺乏必要的预埋件使安装的扶手等设施不能承受必要的外力，而产生潜在的安全隐患。

③ 一些无障碍设施适用对象面窄，经济回报率低，缺乏市场价值。以通用设计理念进行思考时应将不同群体的需求进行简化、综合以满足多方需求，从而扩大适用面及利用率，提高市场价值。所以，应该说通用设计理念的形成是对无障碍设计质疑的产物，但它并不是要推翻原有的无障碍设计标准，而是要以更加开阔的视野来审视目前无障碍设施建设出现的问题，并提出解决的办法。这才是“通用设计”在城市环境与建筑设计领域中运用的真谛。

当然，通用设计并非是“万能的设计”，真正完美、理想的“通用”设计是不存在的。即使是通用设计的研究者与拥护者也认为要完全实现通用设计的目标，实际上是不可能的。但通用设计仍清楚地表达出一种理念：通过新的设计方法和过程，使设计的适用性最大化。这要求我们在进行产品形态设计时充分考虑设计的适用性。

3.3 设计风格与产品形态设计

设计师构建形态的意识，反映了设计师形态创造的思维与价值思考活动受工业技术、文化、流行等因素影响，一般反映为某种特定的设计风格与设计流派的形态认知息息相关。可以说，工业设计师的形态观决定了产品形态的最终呈现方式。随着社会的飞速发展和第三次产业革命的推进，科技为各种产品形态的塑造提供了前所未有的技术支持。与此同时，现代社会也体现出多元化发展的趋势，这就要求设计师对产品形态观的发展过程和趋势有清晰的认识和把握，从而为产品形态生动塑造服务。

3.3.1 功能至上的形态观

在设计史上，19世纪美国的芝加哥学派中坚人物路易斯·H·沙利文（Louis H. Sullivan，1856—1924）第一个提出了著名的“形式追随功能（Form Follows Function）”思想。沙利文说：“自然界中的一切东西都具有一种形状，也就是说有一种形式，一种外观造型，于是就告诉我们，这是些什么及如何和别的东西区分开来”，“哪里功能不变，形式就不变”。他认为“装饰是精神上的奢侈品，而不是必需品”。“形式追随功能”这一简明扼要的功能主义产品设计短语，几乎成为在美国所听到、看到的设计哲学的唯一陈述，也成为日后德国包豪斯信赖的教义（图3-3-1）。这些观点，后来由他的学生莱特进一步发展，成为20世纪前半叶工业设计的主流——功能主义的主要依据。

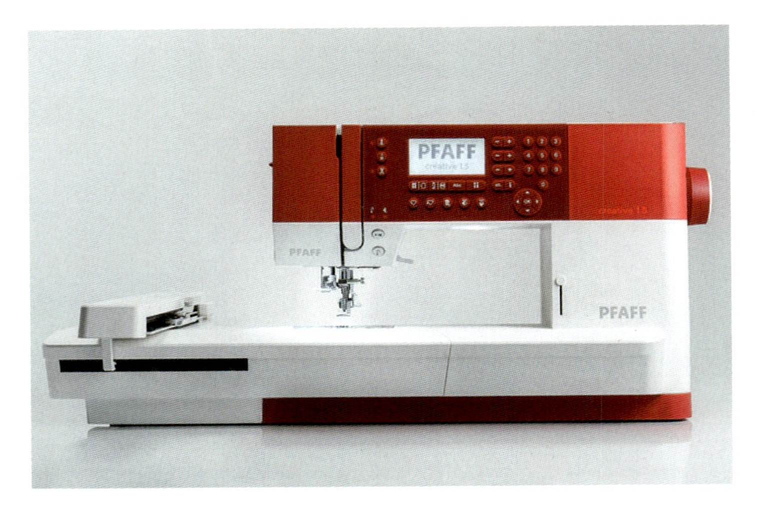

图3-3-1　功能主义产品

随着人类需求的提升以及审美的变化，结合绿色设计、人性化设计等理念，功能主义设计方法也不断在发展。从包豪斯时期开始，持续影响了以后一大批产品设计，包括后来的乌尔姆造型学院、BRAUN公司等的现代设计。目前比较有代表性的功能主义设计风格主要有新理性风格、极简风格、新锋锐风格等。

（1）新理性风格

新理性风格继承了现代主义的理性风格，从德国BRAUN公司与乌尔姆造型学院密切合作开始，盛行于20世纪七八十年代，突出“功能”这个设计重点，视觉风格简洁、明快、大方、精致，以几何造型为主，线条挺拔，局部略呈弧形，色彩多选用中性色或以略带其他颜色的灰色调为主，被BRAUN、西门子、索尼、IBM公司广泛使用。究其原因，这种风格以功能为中心协调各种设计因素间的关系，在功能性、人机工程学、适当的时尚感与重大方简洁间找到一个极好的平衡点，体现技术的先进和品牌的大气。其中设计大师迪特·拉姆斯（Dieter Rams）概括总结的BRAUN公司的设计十原则被广泛认为是评判功能主义设计好坏的准则。

① 出色的设计是需要创新的。它既不重复大家熟悉的形式，但也不会为了新奇而刻意出新。

② 出色的设计创造有价值的产品。因此，设计的第一要务是让产品尽可能地实用。不论是产品的主要功能还是辅助功能，都有一个特定而明确的用途。

③ 出色的设计是具有美学价值的。产品的美感及它营造的魅力体验是产品实用性不可分割的一部分。我们每天使用的产品都会影响着我们的个人环境，也关乎我们的幸福。

④ 出色的设计让产品简单明了，让产品的功能一目了然。如果能让产品不言自明、一望而知，那就是优秀的设计作品。

⑤ 出色的设计不是触目、突兀和炫耀的。产品不是装饰物，也不是艺术品。产品的设计应该是自然的、内敛的，为使用者提供自我表达的空间。

⑥ 出色的设计是历久弥新的。设计不需要稍纵即逝的时髦。在人们习惯于喜新厌旧、习惯于抛弃的今天，优秀的设计要能在众多产品中脱颖而出，让人珍视。

⑦ 出色的设计贯穿每个细节。决不心存侥幸，留下任何漏洞。设计过程中的精益求精体现了对使用者的尊重。

⑧ 出色的设计应该兼顾环保，合理利用原材料，致力于维持稳定的环境。当然，设计不应仅仅局限于防止对环境的污染和破坏，也应注意不让人们的视觉产生任何不协调的感觉。

⑨ 出色的设计越简单越好。

⑩ 设计应当只专注于产品的关键部分，而不应使产品看起来纷乱无章。简单而纯粹的设计才是最优秀的。

（2）极简风格

这是一种极其简洁、纯净的设计，将现代主义的简单发挥到了极致，是“少即是多”的生动体现。多以冷静理性的线条、单纯的几何块面塑造形体，去除一切不必要的装饰，讲究设计的精练，常表现为超薄的扁方盒状；多使用亚克力、金属等材质营造出非常酷的视觉效果，注重高品质的设计美学，从不跟随时尚亦步亦趋，关注技术细节的表现，重视人机关系，强调人性化设计；多为高档产品，如丹麦B&O公司的系列家用电子产品等（图3-3-2）。

（3）新锋锐风格

这种风格最早出现在汽车的造型设计中，1996年福特推出的Kar以及1999年凯迪拉克推出的概念车Evoq（图3-3-3）都是典型的案例。硬朗的线条，多棱的块面，前后车灯尖锐的轮廓，体现出极强的力量感。后来这种“棱角分明”的设计风格影响到家电设计领域，成为酷与时尚的代名词。EPSON的千禧银彩喷墨打印机、奥林巴斯的相机等，多用明确笔挺的线条，重视弹性线条的运用，并强调面的转折，光洁的平面或弹性曲面相交或转折，形成锐利的交线，但整体仍感流畅。此类产品广泛使用不锈钢、镀铬等方法处理成金属质感，新锋锐风格产品设计多用亮金属色或加彩金属色，表现出强烈的现代感。

虽然功能主义设计的内容越来越丰富，但它一直围绕着机能结构和人机要素两方面来进行设计，设计程序大致分为以下几个阶段：

① 明确产品概念和实现该概念的思路；
② 确定产品所使用的技术构造以及人机环境，从而确定产品基本尺度和功能面；
③ 根据产品机能和人机关系确定基本的造型形态；
④ 根据产品机能和人机关系反复修改基本造型形态；
⑤ 进行细节设计和色彩设计。

图3-3-2　极简风格

图3-3-3　1999年凯迪拉克推出的概念车Evoq

3.3.2 注重人机的形态观

产品功能的实现必须有使用者的参与才能完成，再完美的功能设定，如果不能很好地被使用者理解并掌握，就不能认为是好的设计。在人和产品进行交互的过程中，只有那些在研究和遵循人类行为习惯和规律基础上进行的设计，才能表现出良好的操控性、易用性、舒适性。而要研究人与产品交互关系就要运用人机工程学的相关知识，比如通过对人体各部位尺寸、动作范围和功能进行研究，使人的生理尺度与日常使用的物品尺寸协调起来，从而使产品更宜人、更有效率；引进试验心理学和生理学的研究成果，根据人的手、眼、脑的特点来设计，以提高产品工作效率等。

20世纪早期美国爱荷华大学艺术史学院胡宏述教授曾提出过“形式追随行为（Form Follows Action）”的形态观念，就是在强调产品功能设计的同时更加强调以用户为中心的人机交互设计，强调产品形态设计中要融入对用户的行为动作、操作使用方式和行为习惯的研究。这对优化产品人机界面，提高产品可操控性和使用效率，降低因疲劳操作而导致对用户的健康造成损伤等方面起到了积极的作用。如图3–3–4所示的可拆卸调节的鼠标设计，就是通过选用不同尺寸的部件来实现产品更好的人机关系的典型代表。这款骨伽700M电竞鼠标造型独特，这一点我们已经眼见为实了，而正是凭借着惊艳的设计，骨伽700M鼠标还获得了德国iF工业设计大奖。鼠标采用全铝合金骨架结构，搭配顶级激光引擎，设计有多个快捷键，拥有简洁、方便的驱动软件。

下面我们来详细地了解一下这款鼠标。骨伽700M电竞鼠标的个头并不是很大，属于中型鼠标，鼠标的尺寸为127*83*38mm。鼠标的背拱高度不是很高，但是鼠标后部拥有可以随意调节高度的背托，所以鼠标整体持握感比较充实。鼠标的线材采用尼龙包线，并设计有独特的造型，比较新颖，这样的设计，也能起到固定鼠标线材、保护接线不受损坏的作用。鼠标左右按键采用分体式结构，因为属于右手人体工学设计，所以左键位置稍高一些，并且鼠标按键的涂层采用超细磨砂颗粒涂层，触感不错，还能够起到干爽、防汗、防滑的作用。鼠标截面比较宽，阻尼也很适中，有大面积的防滑橡胶颗粒，手感不错，也比较舒适。滚轮后部设计有一个快捷键，默认是调节鼠标DPI按键。在鼠标左键旁边，还设计有一个快捷键，可以通过软件进行自定义。我们也能够看到鼠标前部突出的金属，可见骨伽700M这款鼠标确实是采用全铝金属作为主体骨架的。在鼠标背部，DPI调节键后部，隐藏着一个配重盒，就像是手枪弹夹一样，可以自由安装最多4个配重块，每个配重块的重量大约为4.5克。鼠标在满载所有配重块时，鼠标重心依旧保持一致，不会出现偏移。另外，鼠标的后部掌托后盖，是可以拆卸的，可以根据需要进行调整，而鼠标包装内就提供了一个体积较小的后盖，这样更能提高鼠标的通风效果，减轻手心出汗带来的不适。

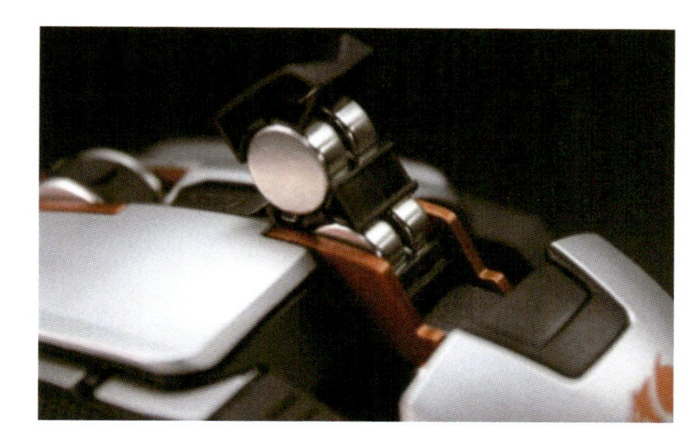

图3–3–4 可拆卸调节的鼠标设计

如图3–3–5所示的拉环式的插头设计，不仅使得产品形态更加美观，更使得使用安全性和产品易用性得到了很大的提高。图3–3–6所示的可调节的桌椅设计，就是从研究坐姿和学习时的各项指标入手，使得设计更加人性化，也更符合人体健康要求。

设计不分大小，只要从科学的角度出发，以用户为中心进行研究，再陈旧的课题也能焕发青春。随着信息技术和其他高科技技术的迅速发展，人机工程学又有了更加广阔的用武之地，如何在新技术与用户之间建立起协调的关系成为人机学研究的新课题。

图3-3-5　拉环式的插头设计

图3-3-6　可调节的桌椅设计

3.3.3 突出情感趣味的形态观

第二次世界大战后，科学技术飞速发展，出现了大量的新技术、新材料，这对工业设计的演化产生了重大的影响。20世纪60年代开始兴起了电子化浪潮，由于电子线路的功能是看不见的，人们无法仅从外观上判断电子产品的内部功能，因此，“形式追随功能”的信条在电子时代就没有真正的意义了。加上塑料等新材料的广泛应用，使得产品形态有了更多的自由创作空间。受西方文化理论发展的影响，流行文化在现代社会的世俗文化中得到发展，新兴的、大众化的文化现象和文化活动悄然兴起。与传统的文化类型相比，流行文化是现代社会生活世俗化的产物，它不仅仅以商品经济发展为基础，而且是直接构成商品经济的一种活动形式。流行文化以现代大众传媒为基础，并且运用大众传媒的操作体制流行、扩展。流行文化是一种消费性的文化，呈现出娱乐性、时尚性和价值混合趋向性。从某种程度上说，流行文化是一种随处可见的消费现象，因为在多数时候，它都体现为某一时期人们的一种趋同消费经济。

在产品形态设计中，波普风格设计是流行文化的典型代表（图3-3-7）。波普风格设计起源于20世纪50年代的英国艺术界，60年代深深扎根于美国商业界，带有浓厚的商业气息。波普风格的设计者，在创作中都有一个共同的特点，他们喜欢以当代流行的商业文化形象和都市生活中的日常之物为题材，反映当时工业化和商业化的特征，总是以一种全新主题和形式来表达日常生活中司空见惯的事物和流行文化，从而受到大众的普遍欣赏，特别是年轻的消费者。当一些设计者试图用达达主义的手法来取代抽象主义的时候，他们发现发达的消费文化为他们提供了非常丰富的视觉资源，如广告、商标、影视动画、封面设计、卡拉OK、快餐、卡通漫画等。他们把这些形式直接纳入设计中，形成独特的设计风格，同时也带来了丰厚的经济回报。以贝里尼为代表的一些意大利设计师最早意识到这种变化，提出设计要更多地考虑人、心理及人际关系等方面的因素，即赋予简单的外形以一种有价值的内涵。

图3-3-7　波普风格的家具产品，穆多什设计的儿童椅

20世纪60年代的流行风格——波普风格，代表了工业设计追求形式上的异化及娱乐化的表现主义倾向，形式上追求大众化和通俗的趣味性，并大胆采用艳俗的色彩。虽然波普风格只是一场形式主义的设计运动，但是在色彩和表现形式方面的尝试却是极有意义的。到了后现代主义设计特别是意大利“孟菲斯”的设计更是发展了一种突破固有观念的设计观，表达了极富个性的文化意义，从天真、滑稽到怪诞、离奇等不同的情趣应有尽有（图3-3-8）。

图3-3-8　“孟菲斯”设计（索特萨斯设计的博古架和格雷夫斯设计的自鸣式水壶）

创造设计和商业奇迹的苹果公司更是因其重视高科技与高情趣的结合而闻名。其设计部主任乔纳森·伊维强调设计师一定要富有激情，设计要寻求那种没有技术理解也能使人亲近的元素，能与人们过去的记忆产生共鸣的元素。

著名的设计公司，如奇巴、IDEO、费奇、青蛙等也都追求设计的趣味与和谐，通过色彩、造型、细节设计使产品亲切宜人、幽默可爱，尤其是青蛙公司提出的“形式追随情感（Form Follows Emotion）”的设计哲学。2001年在广州召开的国际研究会上，青蛙公司的工业设计副总裁彼特·伟柏先生作为特邀嘉宾之一在会上做了精彩的演讲，他提到：之所以对产品进行设计，就是为了能在使用我们设计的产品的用户与产品本身之间建立起更多的联系。用户对产品的喜好，体现出对情感的要求，设计者通过对产品的功能、外形等方面的创新设计，把使用者的情感更好地体现和表达出来。设计就是要解决技术方面的问题，通过视觉、颜色等技术手段来追随用户的情感。一个好的产品能与任何人建立关系，用户对产品的喜爱与否是衡量产品是否受欢迎的唯一标准。奇巴公司为微软开发的“自然”曲线键盘，如图3-3-9所示。

图3-3-9　微软公司“自然”曲线键盘

3.3.4 注重生态环境的形态观

在对风格形式进行了种种尝试之后，不少设计师将目光转向从深层次上探索工业设计与人类可持续发展关系的研究上，力图通过设计建立起一种人—社会—环境之间协调发展的关系，这是设计的重大转折。从此，绿色设计的概念开始深入人心，体现了设计的道德感和责任感。

此设计观要求设计师放弃那种过分强调产品外观标新立异的做法，以一种可持续发展的眼光去创造产品的形态，用更简洁、经久耐用的造型去创造产品。绿色设计着眼于人与自然的生态平衡关系，在设计过程的每一个决策中都要充分考虑到环境效益，尽量减少对环境的破坏。其设计核心是“3R”原则，即Reduce（减少）、Recycle（可循环）、Reuse（再利用），不仅要尽量减少物质和能源的消耗、减少有害物质的排放，而且要使产品及零部件能够方便地分类回收并再生循环或重新利用。从产品生命周期的角度看，即要从线性的生命周期观念转变成一个从设计研发到生产销售，到报废回收，再到新的设计研发及生产，这样一个循环的、周而复始的生命周期观念，也就是要求设计人员在设计伊始就树立生态环境观念，从设计的细节出发，尽可能实现降耗减排。

从表面上看，绿色设计并不注重美学表现，但绿色设计强调尽量减少无谓的材料消耗，重视再生材料的使用，体现在外观设计上，逐渐形成了“少就是多”的设计语言。这就是20世纪80年代开始兴起的追求产品造型极端简单的设计流派——简约主义。其代表人物法国设计师菲利浦·斯塔克就经常用单纯而典雅的形态塑造完美的产品，如1994年菲利浦·斯塔克为沙巴法国公司设计的一台电视机，采用了一种可回收的高密度纤维材料模压成型制造机壳（图3-3-10），形态简约并富有张力。

未来，设计师应该继续在努力解决环境问题的同时，创造新颖、独特的产品形象。在进行产品形态设计的过程中应该注重批量生产的技术要求，并且简化生产程序，降低生产成本。

产品设计中应尽量减小体积，精简结构；设计生产中应最大限度地降低消耗，简化生产程序及降低生产成本；流通中做到减少环节，降低成本；消费使用中尽力引导健康操作，减少对健康的损害，降低污染；维修与回收中要秉承材料的可回收性与产品主体部件的可替换性。上述设计原则给设计师进行形态处理提出了更为严格的要求，这就意味着：在产品从概念形成—原料与工艺的无污染选择—生产制造—物流输送方式—包装销售—使用储存与维修—废弃和回收—再利用处理等各个阶段中，设计师要做到完整系统地思考和处理形态与结构、形态与材料、形态与功能、形态与使用等诸多因素，从人与环境的协调关系入手进行分析、处理、评价与控制，努力使产品设计、生产与使用过程中的物质与能量消耗形成一个良性的自循环系统，这才是“绿色的形态设计观”。

图3-3-10　菲利浦·斯塔克的电视机设计

3.4 产品定位与产品形态设计

3.4.1 文化象征主导型产品

从产品语义的观点来看，产品的外部形态实际上是一系列视觉传达的符号，是设计师将设计意图传递给用户并满足用户各种需求的载体。产品形态的语义可以划分为指示性语义和象征性语义两个大类，指示性语义表现“显在”的关系，即直接说明产品实质内容（功能）的特性；象征性语义是指在产品的造型要素中不能直接表现出“潜在”的关系，即由产品的造型间接说明产品本身内容之外的东西。产品形态成为其他内容的象征和载体，这里的其他内容指产品的心理、社会、文化方面的象征价值。产品形态作为一种视觉形象不仅要具有浅层次的形式美感，还要具有深层次的文化意义，这样就使得产品成为文化和人类文明的体现者和传递者。它将有助于用户理解该产品是哪个国家的或哪个时代的，该产品的社会、文化背景以及所蕴含的民族情感，从而帮助用户了解该国或该民族的价值观、文化观、审美观等。文化象征型产品主要是指那些与人们生活息息相关的产品，即工艺礼品、文化活动用品、社会公共设施用品等。

现在越来越多的人明白摆脱“中国制造”，树立“中国设计”的形象对我国经济健康长远发展的重要性，而将现代设计方法和理念与中国传统文化相结合，发挥文化的魅力，是我们的有效和必经之路。因此，这里就通过分析、学习文化象征型产品经典案例，总结出一些行之有效的设计方法。

2008年北京奥运会被誉为是最成功的奥运会之一，给全世界人民留下了深刻的印象，中国风又一次席卷了全球。特别是北京奥运会火炬的设计更是充满了浓郁的中国传统特色：创意灵感源自典型的中国文化符号“祥云”，寓意“渊源共生，和谐共融”；造型设计还借鉴了中国传统的纸卷轴的形式，比例匀称，外形简洁，又不失现代感；色彩选用红与银色的对比；图案表现手法借鉴了源自汉代的传统漆雕形式，视觉效果突出并带有浓浓的中国味，整个设计显得大气厚重、高雅喜庆（图3-4-1）。而奖牌的设计则体现了中西合璧的特色，首次融入了玉石的元素，并将中国古代龙纹玉璧的造型巧妙地与金属镶嵌在一起，甚至连奖牌的挂钩造型都是从中国传统玉双龙蒲纹璜演变而来的。整个奖牌尊贵典雅，富含中国传统文化寓意，是中国传统价值观的体现。

图3-4-1　北京奥运会火炬的设计

每种文化都有代表性的符号，这些符号来自历史、地域、民族、习俗等不同方面，具有超出实用功能和可识别性的种种意蕴和文化内涵，包含了其背后的生产方式、生活方式及对自然、对人类社会的理解和态度，是整个时代和历史的缩影，是文明的见证。现代设计中要想体现产品的文化象征性就必须通过这些特定的文化符号及特定组合，使人们体会到传统，感受到记忆中的历史文脉。此外，产品中的某些特征符号又会与某些特定的社会现象、故事、责任或理想发生内在的联系，引发观者对其社会意义的深刻思考。除了从现有文化形式中提取典型符号进行再设计之外，还可以从文化的意象表达入手进行设计。所谓“意象”，指的是融合了主观情思的具体可感的艺术形象。换言之，就是含有某种思想感情的形象。

中式家具以其精湛的工艺、完美的形式、丰富的文化内涵曾经对世界产生过重要的影响，甚至连以家具设计闻名于世的丹麦设计师也对此情有独钟。2006年中国家具出口量达174亿美元，占全球家具贸易总量的1/5。据悉，中国不仅已成为世界第一大家具出口国，家具产业总产值也已跃居世界首位，但是在高端市场的表现却不尽人意。因此，如何提高我国自主品牌的创新设计能力，如何与传统家具文化结合，重新塑造中国家具形象就显得格外重要。从图3-4-2国内品牌的成功设计案例中，不难发现未来可以探索的一条道路，即应该努力打造出现代中式风格，将艺术与实用完美结合，将内敛而高贵的风范流露在每个细节之中，注重人机工程学的应用，体现人性化设计，传承东方神韵。作为设计师应该具有从传统中提取典型文化符号的能力，并能与现代工艺、技术相结合，创造性地设计出符合市场需求的人性化设计作品。

图3-4-2　现代中式家具

3.4.2 品牌形象主导型产品

品牌作为一种商业化的产物，是公司和公司产品的识别符号与标志，更成为消费者身份地位的代表和个人喜好、品位的标签。产品所表现出来的设计风格、形态、材质等品牌元素符合消费者心中的需求，就产生了品牌形象。产品与品牌互为依存，产品是品牌的物质承载，没有好的产品，用于识别商品来源的品牌就无从存在。同样，一种产品只有能够得到消费者信任、认可与接受并能与消费者建立起互动关系，才能使标定在该产品上的品牌得以存活。品牌是一种个性鲜明的文化，是企业经营理念、顾客消费理念与社会价值文化理念的辩证统一。品牌的文化内涵是企业与消费者进行情感交流的基础，是最有价值、无法模仿和替代的部分。消费者与品牌在最近距离上的交流就是与产品的交流，产品是不会说话的，品牌赋予产品"话语"。

地区经济发展不平衡，逐渐形成了OEM（制造代工）、ODM（设计代工）、OBM（原创品牌）三种不同的经营状态。OEM型的企业没有直接掌握品牌和市场，只能取得微小的收益，一旦需要直接参与市场竞争时，就失去了竞争的能力。随着消费者需求层次和市场竞争程度的提升，一场以异化的品牌为核心的产品设计已经成为竞争的主流，21世纪将是品牌的世纪。对于品牌的塑造，不仅要靠广告宣传和市场营销，还需要重视结合品牌识别的产品自身的形象设计。工业设计师的职责就是不断地通过对产品形态、色彩、材质等的设计，延续品牌一贯的风格和个性，从而持续在消费者心中树立品牌的形象，最终实现超脱实体功能技术层面的高附加值。

我们今天看到的许多世界知名品牌都经历了不同寻常的发展历程，通过不懈的努力，取得外在和内在风格的一致性，形成了鲜明独特的核心价值和附加价值，不仅满足了消费者的使用需求，更体现其情感需求和价值取向，成为商业社会的成功者。如德国Siemens公司，作为世界级的大企业，其16个商业单元涉及的产品范围很广泛，从桌面电话、工作站到电力设备、运输系统等，所有这些不同种类的产品通过产品形态设计明确表达内涵性语义概念：现代的、高性能的，使得产品设计和公司品牌牢固地联结在一起，每一个设计要素都被用来加强Siemens的品牌和传递体现其中的价值。丹麦B&O公司的产品则充分体现了北欧设计的"软功能主义"风格：逼真性与可靠性规定了高品质形象，易明性与精炼性规定了简约形象，家庭性与个性规定了对人的关怀。目前，我国国内许多企业直接引进国外企业的先进技术或成熟产品，而不注意对其重新加以系统整合，不注意塑造自己的产品形象，当不同国家的产品同时集合在同一自主品牌下时，就会出现不同的风格，造成产品形象的混乱。

从上面的论述不难看出，树立独特的品牌形象和品牌个性对企业而言是多么重要，通过对成功品牌的分析可以知道良好的品牌形象应该具有以下三个特点。

① 内在的稳定性。稳定的品牌个性是持久地占据顾客心理的关键，也是品牌形象与消费者经验融合的要求。品牌个性如果失去了稳定性，也就失去了品牌所具有的感染力，不能被顾客感知和接受。

② 外在的一致性。品牌所体现的个性与目标消费群体个性要相一致。

③ 人际的差异性。品牌的个性特征帮助消费者认识品牌、区别品牌，留下印象，进而转化成品牌形象。所以，基于品牌形象的产品形态设计应该遵循以下三个设计原则。

稳定性原则。不管是同一时间段内推出的产品，还是不同时期推出的产品，其形象都要体现出品牌形象的要求，保持产品形象相对的稳定性（这种稳定性多是抽象理念的形式），从而树立起统一和唯一的品牌形象。

文脉性原则。在把形象描述转换成设计语言的过程中，对设计线索和特征的选择必须体现品牌的设计文脉。不是停留在表面的“形式”层面上，而是寻求“意义”层面上的文脉传承。

识别性原则。产品形态要体现品牌个性，与品牌形象要求相一致，具备良好的识别性，能从众多竞争者中脱颖而出，这是产品形态设计的基本要求。

在设计实施阶段，首先应该根据品牌形象对产品形象进行语义描述，然后就要选取合适的设计线索、特征与元素展开具体的设计。不同的选择将直接影响最终的设计效果，而影响设计线索和特征元素选择的主要因素是产品既有的风格特征和品牌核心价值与个性指向。针对实际设计生产过程情况，要取得品牌形象的统一，主要有单个产品自身整体要素的统一和基于同一产品平台的系列产品的统一两种。

3.4.2.1 单个产品自身整体要素的统一

为了树立一个连贯统一的品牌形象，企业需要通过对所有种类的产品进行有效的管理，使每一个设计要素都被用来加强品牌和传递体现在其中的价值。就产品自身而言，产品个性、品牌理念都必须通过产品的视觉要素的整合，以视觉化的设计要素为中心，将具体可视的产品外在形式与其内在的理念或精神协调一致。这就要从研究产品的形态语言入手，总结出形态、色彩、材料、肌理、细节等方面存在的共性，将其贯穿于各个单独的产品设计中，并与品牌个性保持一致。只有这样才能形成强有力的视觉冲击力，创造出一种熟悉感、延续性和可信赖感。

作为单个产品，它同时拥有许多设计细节，为了形成整体统一的品牌个性，保持并延续品牌形象，就要求所有的设计细节风格统一并相互呼应。图3-4-3中的宝马750就延续了品牌一贯的科技感、时尚感、舒适感的形象，各个细节处理无不体现出科技带来的人性化设计成果。单个产品自身整体要素的统一对品牌形象最明显的贡献是当品牌进行跨类延伸，在不同领域进行产品事业开发的时候，对品牌整体发展战略起着至关重要的作用。意大利兰博基尼与华硕合作，推出的Lamborghini VX系列笔记本电脑，就将兰博基尼的设计精髓贯彻到笔记本电脑的设计概念中（图3-4-4）：外壳选择经典的黄与黑的镜面钢琴烤漆，这是兰博基尼经典的配色，外形线条则充分体现了兰博基尼车身刚强张扬的线条感；特别是上盖设计，据说灵感来自Murcielago R-GTM的双胴型乘坐区以及Gallardo两侧车身的风切扰流设计，而LED显示区网片正是复制了Murcielago Barchetta Concept后置发动机盖散热网片以及Gallardo车身后方的制动灯与排气孔网状饰板。这是兰博基尼一次经典的跨界合作式经营案例。

无独有偶，迪士尼与iriver合作推出了以经典卡通人物“Mickey”为原型的Mplayer，如图3-4-5所示。通过卡通拟人化的形式再次在全球掀起一阵Mickey狂热，受到了“80后一族”的热捧，因为Mickey正是他们对童年的记忆。而更有意思的创意是通过转动米老鼠两个可爱的大耳朵就可以实现对产品的操作。迪士尼品牌形象再一次得到延伸。

图3-4-3　宝马750整体要素形象保持统一

图3-4-4　兰博基尼与华硕合作推出的Lamborghini VX系列笔记本电脑

图3-4-5　迪士尼与iriver合作推出的Mplayer

3.4.2.2 基于同一产品平台的系列产品的统一

面对日益细分的市场，为了满足不同消费需求，并能快速响应市场完成新产品的设计与生产，人们开始了通过产品平台和标准化、模块化组件的开发，进行系列产品或称为家族化产品的设计开发活动。从视觉传达的角度来看，任何一次产品形象的传播所留下的印象都是短暂的，所以，产品的品牌形象需要经过一个较长的持续刺激过程，通过一些相似的东西持续刺激，来不断加深同一形象，使消费者对其形成较为固定的印象。产品系列化或家族化开发形式中，新产品保留或延续了原来产品外观的某些设计元素，形成一类相似的风格或一些固定的细节特点，通过对共性的反复强调，使得产品系列和家族形成相对稳定和统一的视觉形象。这一特点使消费者很容易就能识别该产品是何厂家生产的，是什么品牌，有一种产品品牌自我宣传的作用。更为关键的是这符合那些对该品牌形象和产品形象及其背后美学和文化价值认同的消费者的心理期待，能够使其成为该品牌的忠实顾客。系列产品形态设计过程中一般有三种设计方法。

（1）组合设计方法

生活中人们的需求是多种多样的，其中有一些需求是相关联的，为了增加产品系列的覆盖范围，吸引消费者注意，厂家往往会通过不同功能产品的组合设计来迎合市场，并起到相关联产品的捆绑销售或连带销售的目的。组合设计中为保持视觉上的统一性，一般会采用统一的色彩或材质，或整体和局部形态的契合，或运用相似的图案等手法进行设计（图3-4-6、图3-4-7）。组合设计按照其表现形式不同，又有功能组合、配套组合两种不同的设计方法。

图3-4-6　相似图案组合设计方法的运用

图3-4-7　相似形态组合设计方法的运用

① 功能组合是一种将多个不同功能的同一主题或范围的产品组成一个系列，让消费者购买或使用产品时具有可选择性的设计方法。这种设计方法是单件多功能产品的有益补充形式。因为往往一物多用的设计中有一些功能是部分消费者从来不用的功能，这就造成了不必要的浪费。如图3-4-8所示的工具套装箱提供了多个不同功能的工具储存盒，消费者可以根据自身的需求进行任意组合和选择。此外，现在的家具企业大多采用功能组合的设计方法来进行设计与生产，提供给消费者不同功能的系列产品供其选择。

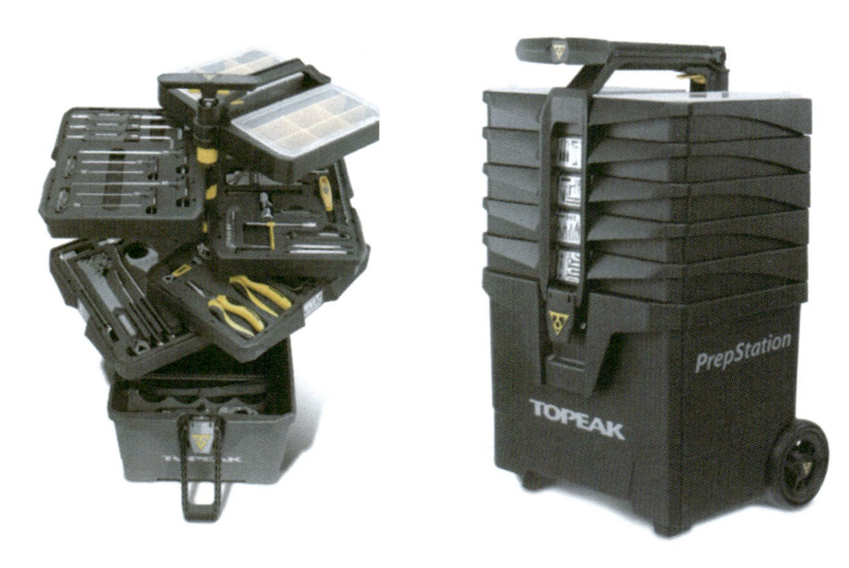

图3-4-8　功能组合设计方法的运用

② 配套组合是一种将不同的、独立的产品作为构成系列要素进行组合的设计方法，这样可以更好地突出品牌效应，有助于特定商业目标的实现。如2006年中国标准化协会颁布了全球首个成套家电标准，成套家电是指由同一品牌厂家提供，包括白电、黑电、小家电、厨房电器以及娱乐数码产品在内，具有统一功能和协调外观的系列家电产品。标准要求成套家电的造型风格统一，产品功能具有关联性和兼容性，配送、安装、服务、升级必须一站到位。该标准的发布标志着家电行业的发展进入了一个全新的阶段，表明中国成套家电市场开始走向成熟与规范，消费者的更多需求将得到更好的满足。作为世界大家电第一品牌，海尔是唯一参与该标准制定的家电厂商，也是率先发布相应产品的厂商。作为该标准的主持制定者，海尔目前已经开发出多种成套家电，可以根据不同的户型、预算、风格为用户提供量身之选，为用户提供包括配送、安装、服务、升级一站式的整体解决方案，打造一站到位的时尚生活。如海尔推出的“U-HOME”成套家电涵盖了所有家电设备，和谐时尚的整体色调，不同家电之间的互联互通，一体化的服务和升级，深刻诠释了成套家电的概念（图3-4-9）。U-HOME是全新的网络家庭平台，诠释了网络家庭的新标准，向人们展示了一种崭新的网络化时代的生活方式。它实现了人与家电之间、家电与家电之间、家电与外部网络之间、家电与售后体系之间的产品形态设计方法的信息共享。在家里，网络可以自动无线控制所有带电的设备；在外面，也能通过网络、手机、电话，随时随地与家里的带电设备对话，可以了解家电的运行状况，可以远程控制，还可以信息共享。该设计改变了人们传统的生活方式，通过随时随地、无处不在的信息互动，压缩了时间和空间的概念，使人随时享受智能化带来的人性化生活。同时，海尔还推出了其他不同类型的成套家电如“奥运成套家电”等，丰富而个性迥异的套餐类型赢得业界的阵阵喝彩。

图3-4-9　海尔的成套家电设计概念

（2）变换设计方法

为了满足不同的功能需求，面对日益细分的市场，通过一组功能相同、属性相同、结构相同或相近，而尺寸规格及性能参数不同的产品系列设计方法叫变换设计。变换设计有纵向变换设计和横向变换设计两大类。其中纵向变换设计又分完全相似的纵向变换设计和不完全相似的纵向变换设计两种。完全相似的纵向变换设计主要是产品形态完全按固定比例进行变换的设计方法。不完全相似的纵向变换设计是由于产品的某些部位出于功能上、使用上的限制，无论基本形态如何进行相似变换，该部件固定不变的设计，如饮水机的形态发生了相似变换，但基本功能没有发生变化。横向变换设计则是指在产品的基本形态上进行功能扩展，派生出多种相同类型产品所构成的产品系列，如在普通自行车的基础上进行二次开发，派生出儿童车、公路赛车、山地车、学生车等。

（3）模块设计方法

系列产品中的模块设计方法，主要是一种提供具有特定接口的通用件，或结合表面或结合要素，以保证模块组合互换性的设计方法（图3-4-10）。

图3-4-10　德国Teufel家庭影音系统的配套组合设计

3.4.3 艺术审美主导型产品

这一类的产品主要是一些与人们的日常生活关系密切的产品，如日用产品、家具产品、小家电等，当然也有用在大型交通工具上的案例。通常设计师在对这一类型产品进行设计时，会将产品形态作为艺术创作的对象对待，以艺术的语言塑造产品形态，因此视觉上往往表现出戏剧化的效果和极强的艺术感染力。在带给人们审美享受的同时，还能引发人们的哲学思考，传达出对人性的关怀。这种处理产品形态的做法往往是追求艺术效果胜过功能，因此，有时会以牺牲部分使用功能或使用的方便性为代价来换取视觉上的审美性。这正说明了人们有时候追求艺术价值甚于功能的消费现实。艺术性手法的设计大师有斯塔克（Philippe Starck）、克拉尼（Luigi Colani）、盖里等。归纳起来，艺术性设计手法通常注重有机形态的塑造，空间感的表现，使产品体现一种内在的生命力，有时还以装饰主义的手法来加强产品形态的审美特性。

3.4.3.1 有机形态的塑造

有机造型设计发展的根源，主要来自于19世纪以来全球性的产业社会现代化所奠定的思想基础。在整个产业现代化的过程中，人们都以追求高度的经济增长为目标，因此造成了整个设计领域以理性主义和功能主义为主的面貌。在近百年来急速发展的现代化社会背景下，整个社会环境以及人与人之间的关系逐渐变得更为物质化与机械化，并由此造成了人们心中普遍存在的不安全感。因此，要求设计应该以努力追求使用者与商品之间更为和谐的关系为方向，真正使设计成为通过人们生活上的使用需求去探索适合时代背景的产品表现形式的过程。

目前许多产品都表现出了富于有机感的造型形式。小到牙刷、电话机，大到家具、交通工具等，都充分发挥了圆弧线条的作用，形成整体感十足并具有相当人性化和现代主义风格取向的有机形态设计。这种有机造型的风格将成为今后设计的一种主要发展趋势。只要能够重拾大家几乎已经遗忘了的历史文化及传统造型，恢复由于过度追求效率而分崩离析的人际关系及社会体制中的合理部分，并且扬弃过度重视物质主义和理性主义等偏颇的观点，就一定可以为有机造型的设计概念创造出更有丰富内涵的社会条件。

仿生设计是有机形态塑造的有效途径，自然界存在着极为丰富的形态，为产品形态创新提供了取之不尽的设计源泉。当然仿生设计作为应用生物学的一个分支，是一种独立的设计方法，它包含功能仿生、结构仿生、色彩仿生、形态仿生、肌理仿生、意象仿生、形式美感仿生等内容。这里讲的主要是指与形态相关的仿生造型方法，是一种以动物、植物、微生物、人类等所具有的外部形态为基础，通过抽象、对形式美感的认知与应用及生物意象的表达，寻求产品形态的突破与创新的设计方法。对生物形态的仿生要求人们不仅要学会观察常态的生物形式，更要学会观察非常态的生物形式，即从不同视角、宏观和微观、整体和局部观察。

克拉尼是当今最著名的也是最具颠覆性的设计师，被国际设计界公认为“21世纪的达·芬奇”，他设计了大量造型极为夸张的作品，他的设计具有空气动力学和仿生学的特点，表现出强烈的造型意识，他希望通过更自由的造型来增加趣味性，故被称为“设计怪杰”。克拉尼认为他的灵感都来自于自然，“我所做的无非是模仿自然界向我们揭示的种种真实”。他对于有机形态的追捧甚至让其宣称“蛋是最高级的包装形式”“宇宙中无直线”“我的世界是圆的”（图3-4-11）。

在运用仿生设计进行有机形态的产品设计时，一定要注意对生物形态加以概括、提炼、强化、变形、转换、组合，扬弃纯粹自然形态的简单模仿，做到对生物形态形式美感和意象的抽象表达。

图3-4-11　克拉尼太空卡车

3.4.3.2 空间感的表现

工业产品多为一些体形较小的东西，加上过去加工技术和条件的种种限制，使得在以往的产品形态塑造过程中，多把产品当作一个实体来对待。随着时代的变迁，人们审美意识和水平的提高，材料和加工技术的突飞猛进，现代产品形态体现出丰富的空间感特征。引入空间元素能使得产品形态虚实相应，更具内涵与美感。对产品形态的空间感塑造主要是通过改造体块，引入面、线要素，使用透明材质，分解元素等手法来实现的。

（1）改造体块

现代产品形态并没有脱离现代主义简洁、以几何形体为主的特征，对体块的改造也是在此基础上进行的。要通过改造体块来增加产品形态的空间感，主要是通过对体块的面、边缘轮廓，塑造出新的具有空间特征的产品形态。

（2）分解元素

这是现代产品设计受解构主义设计思想影响的生动体现，实质是解构主义的破坏和分解。解构不是一般的消除与拆毁，而是打破现有单元化的秩序，对其进行分解、重新认识与组织。他们往往抛弃已有先例，数学构形以及拓扑构成中展开形态的研究，将所创造的形态形成相互关联、相互冲突、无中心、变异、多系统、不稳定、动态与持续变化的效果。如通过对平面或立体图形的叠加、互旋、非理性穿插、错位的空间构成以及并置、散乱、残缺、突变、动态、倾斜、畸变、扭曲等处理方法，发展出一系列与机遇和偶然相联系的设计手法。概括来说，解构主义的设计形式，不是一般的某种功能形态，而更像雕塑（图3-4-12）。

图3-4-12　吊灯　英戈・莫端尔

3.4.3.3 体现生命力

艺术作品往往通过作品本身传递出某种生命的感人力量，引起受众心理的共鸣，从而产生审美感觉。具有艺术审美价值的产品形态也同样具有生命力般的表现形式。这主要是通过调整轴线、使用曲线、丰富色彩等方法来实现的。

（1）调整轴线

垂直或水平的轴线会使产品形态表现出安稳的视觉特征，如果将轴线进行倾斜或弯曲处理，产品的心理静力平衡就被打破了，从而会产生运动的趋势，使产品形态看起来更具活力。

（2）使用曲线

直线往往给人平衡、静止、稳定的心理感受，曲线则相对显得富有活力和生命感。所以，在产品形态设计中通过使用富有曲线感的线条，可以增加产品的活力，产生动感（图3-4-13）。

图3-4-13　产品形态设计中使用富有曲线感的线条

（3）丰富色彩

色彩对产品生命力感觉的影响是最直接有效的，因为色彩的信息传递是先于形态的。使用鲜艳和对比的色彩可以迅速增加产品的活力，产生年轻富有生命力的感觉（图3-4-14）。

图3-4-14　鲜艳和对比的色彩

3.4.3.4 装饰主义手法

在满足基本物质需求的基础上，人们就有了追求生活品质的愿望。装饰主义因其对高品位生活的象征，以及强烈的人文艺术感染力，悄悄在产品设计领域兴起。这里讲的装饰主义是将后现代主义中与装饰密切相关的内容——历史主义和地方主义，纳入到一个现代装饰的大谱系之中，它们可看成是从装饰角度对现代主义所做的补充，也就是象征意义的弥补。新艺术运动和装饰艺术运动等前现代主义思潮与历史主义和地方主义等后现代主义思潮在时间上处于现代主义的前后，其核心内容经历了由重视装饰的美学意义到强调装饰的象征意义的过程，即由“唯美”到“语义”的转变。这种转变首先是20世纪中叶以来，欧美国家经济、技术、思想等因素发展演变的必然结果；其次，对现代装饰的探讨离不开现代主义这个对现代装饰演变走向起决定作用的因素。现代装饰和现代主义是互相影响的两个范畴，现代的一些核心理念实际上印证转变的合理性。自然美和几何美、抽象美和具象美是“唯美”和“语义”两种装饰倾向的四个美学范畴，动感线条和造型符号则是两者所侧重的设计手法。

装饰主义手法不仅满足了消费者更高的审美要求，更提高了如诺基亚多款复古花纹装饰的手机和蓝牙耳机之类产品的附加值，实现了良好的销售目的。著名设计师斯塔克（Philippe Starck）的设计作品中也经常使用自然或几何、具象或抽象的图案对产品进行装饰。斯塔克崇尚简洁的设计风格，着眼社会责任和人性化，作品中经常采用艺术性的设计手法，表现出雕塑般的形式美感，传递着他那“将追求物质的世界变成充满人性的世界”的设计理念。斯塔克不断创造出流行的设计符号，成就了一个又一个的经典畅销产品，甚至有人说斯塔克的名字就意味着销售量。

3.4.4 功能实用主导型产品

功能实用主导型产品主要是指那些以满足人的某种物质功能需求为主的产品，以功能实现为中心，以结构为出发点，富有理性，是典型的功能主义设计方法。这种设计方法目前广泛用于工程机械、医疗设备、工具类、仪器、家具、日用品、电子产品等领域。

功能就是事物或方法所发挥的有利的作用和效能。产品只有具备某种特定的功能才具有使用价值和交换价值，功能是产品的第一要素和价值体现。产品形态是功能的载体，没有形态的支撑，产品的功能就无法得到具体的实现，形态与功能之间是相互影响、相互联系的，两者不可分割，互动构成。

产品形态的实用功能是决定产品形态的主要因素，是对使用者直接产生生理作用的功能。产品形态不同于一般物体的形态，产品存在的目的是供人使用，产品形态的设计要依附于某种机能的发挥和符合人的实际操作要求。

理查德·萨珀很多作品都被全球最杰出的设计博物馆永久收藏，包括纽约现代艺术博物馆以及英国 V&A 博物馆等。

比如这款被称为是革命性的Tizio台灯（图3-4-15），萨珀将笔记本电脑的散热技术引入台灯，同时也将笔记本屏幕的铰链技术整合到台灯手臂的联结点上，而且优秀的平衡设计能够让台灯在超过6个自由度的方向流畅地运动，从而区别于普通工作台灯的死板和机械。

图3-4-15　Tizio台灯

1960年，拉姆斯为Vitsae设计了模块化的606家具系统。这套系统延续了一系列模块化家具的设计理念。作为一套家具系统，拉姆斯几乎尽他所能将其做到了完美。这套系统从发布开始一直生产销售至今。20世纪60年代购买这套系统的客户到现在仍然可以添加或者更换其中的组件，像书桌、茶几、书柜等都可以完美搭配。

如图3-4-16，该电唱收音机组合SK4是“博朗设计”的代名词，在形态上体现了功能主义一贯倡导的特点，无多余的累赘与装饰。收音机和电唱机在一个硕大的音乐盒中被组合在一起，这在20世纪50年代属于收音机生产企业的尖端产品。SK4的设计有意识地放弃了“音乐家具”的形式，成为20世纪设计发展的高潮。它让人的视觉习惯产生混淆，以至于人们给这个神奇的玩意儿取了一个名字“白雪公主的棺材”，轻盈的有机玻璃如同制造唱片的材料聚乙烯一般不易折断，在当时属于新技术的前端。其中不但隐藏着高保真音像系统发展的抉择，还有对其他产品的影响。而博朗的超级电唱收音机在声音方面只提供了4瓦特的输出功率，和常规的听觉无差异。

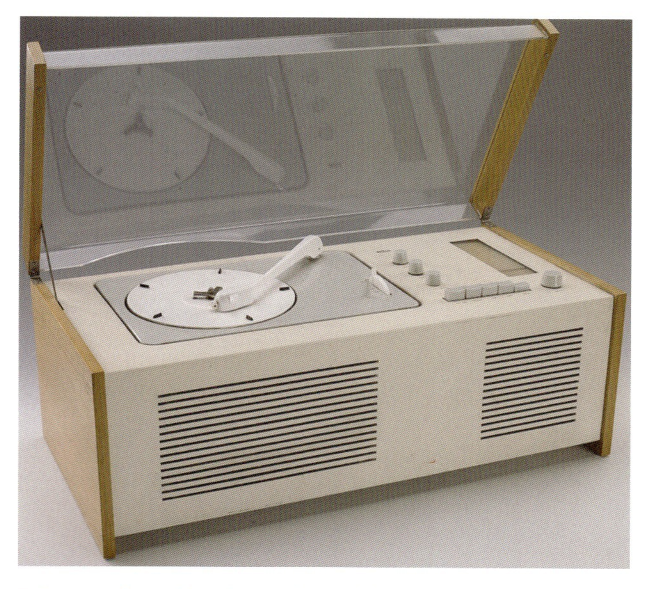

图3-4-16　Dieter Rams和Hans Gugelot设计的SK4结合了收音机和电唱机

简洁设计的目的，首先不是为了美观，而是为了实用，但这两者经常是矛盾的。从使用的角度出发，似乎应该是每一种使用功能都有一个相应的旋钮（按键），但对于功能复杂的电器来说，很难在有限的面板上容纳众多的按键。而过多地使用复用键，又会使操作烦琐难记。

今天，当你面对任何一样电器，不论是DV摄像机、数码相机，还是电视机遥控器，那密密麻麻的按键和厚厚的说明书都会让你头疼。而博朗的设计，通过功能按键的优化，整体布局的安排，很好地解决了问题，甚至是旋钮（按键）的大小和颜色，都做了精心考虑。我们可以从SK4电唱机和T-1000收音机的经典设计中，学习和借鉴很多东西（图3-4-17）。

图3-4-17　T-1000 收音机

产品形态在实用功能的实现上首先要满足产品的可用问题。所谓可用是指产品形态能够实现产品的功能。当产品的功能得到满足时，使用者往往会对使用过程中的不便予以关注，这就是产品的易用问题。可用关注能否被使用的问题，易用则关注产品能够被更容易和更有效使用的能力，一般与人机工程学和产品语义学密切相关。

通过产品的构造形态，特别是特征部分、操作部分、表示部分的设计，表达出产品的物理性、生理性功能价值，暗示人们对产品的使用方式。

综合来看，功能主义的设计手法有一定的规律可循，即在造型元素上大量使用较抽象的几何形式，经常采用圆形和弧形以及带有R角和过渡面的几何块体穿插，追求视觉的洗练、简洁与纯净。功能主义产品形态明显具有秩序感和韵律感，具有较高的传达效率。

思考与练习

1. 影响消费者接受设计的因素有哪些?
2. 设计过程中的技术体现在哪些方面?
3. 如何理解设计与环境的关系?
4. 设计的美学是如何形成的，从地理、经济、文化的角度出发进行阐述。
5. 命题：塑料水杯设计。

练习形式：收集资料、探讨、撰写报告、绘制草图和效果图。

调研考虑问题：

① 收集各种造型的杯子，并制成图册；
② 到工厂实地观摩并了解塑料成型的方式；
③ 了解模具的制作过程和程序；
④ 了解各种塑料制品的成型工艺，如管棒料、壳体、薄膜等；
⑤ 同一材料、不同形状的塑料水杯与加工工艺之间的联系。

提示：

① 生产现场观察与资料查询结合；
② 细致观察并测量代表造型设计的水杯的各部位尺寸，看是否与成型工艺相关（脱模）；
③ 思考新型材料（塑料）的工艺特点对产品形态设计有什么影响?

6. 命题：椅子设计。

练习形式：实地调研、分析产品、撰写报告，运用瓦楞纸制作样件。

调研考虑问题：

① 选择用塑料、木材、钢管或皮革的家具生产厂家，进行实地调查；
② 归纳出不同材料制作椅子的制作工艺，记录加工不同材料常用的设备；
③ 归纳不同材料的不同连接方式，说明理由。

提示：

① 思考材料、工艺、设备与产品形态的关系及其对家具造型发展的影响；
② 观察不同材料、不同工艺的表面涂饰是否一样；
③ 思考多种材料用于同一产品（椅子），对产品功能、设计风格有什么影响?
④ 用瓦楞纸材料制作椅子时，注意材料的结构与材料强度的处理。

第4章　产品形态设计的表现

4.1 基于模块组合化的产品形态设计

按系统的观念来看，可以通过分解产品的总功能来降低制造难度，提高实现度。产品的总功能可由分解而成的多个次级功能单元来完成，每一个单元实现一个或多个分功能，然后通过产品功能逻辑顺序，将各个单元组合起来，完成产品总的功能，同时形成产品整体。这种通过产品功能逻辑顺序将各个单元模块组合的方法，称为产品形态组合方式，是现代产品设计中常用的方法之一。

当然，不同的设计师、不同的设计条件，会形成不同的产品形态。功能空间直接影响产品形态，功能空间在形式上有时表现为实体空间，有时表现为虚单元空间，如抽屉、冷藏单元空间等。当产品的分功能与产品的实体单元空间一一对应时，产品的结构设计表现为形体组合设计。这时，产品设计师可以借助机械设计的相关知识，通过构件形态变异、选择标准件、改变连接方式等，有机地把多个单元空间组合起来，协调地构成产品整体。

单元空间确定后，将不同的单元体拼合在一起，构成产品形态基本形体的手法称为组合。按形体之间的组合形式和性质不同，其可细分为以下几种方式。

4.1.1 堆砌模块组合

形态由下至上逐个平稳地堆放在一起，构成一定的形状，称为堆砌。如图4–1–1中厨房储物柜设计构成和图4–1–2中堆砌形态的组合沙发设计。

图4–1–1　厨房储物柜设计构成

图4-1-2 堆砌形态的组合沙发设计

在中国传统绘画中，山的应用极为常见。“群山之中”沙发将山峦造型的靠垫堆砌在沙发上，旨在把中国传统山水画的美与和谐有机结合，融入人们的日常生活中（图4-1-3）。山型靠背是单个独立模块，可根据个人需要自由移动。无论是坐下与朋友聊天还是躺下休息，用户改变姿势时只需挪动靠垫即可。不同的组装方式拥有不同的功能，可以是沙发、躺椅或床。用户与产品之间的交互反映了人与自然的和谐。

图4-1-3 “群山之中”沙发

4.1.2 接触模块组合

形体的线、面在水平方向相互结合称为接触。按形体间接触元素性质的不同，接触又分为面接触和线接触。如图4-1-4中面贴合的产品设计和图4-1-5中的座椅设计。

图4-1-4　面贴合产品设计

图4-1-5　座椅凹凸贴合设计

如图4-1-6所示的打印笔与笔底座的凹凸设计也是在形态上采用了接触组合的方式，两个模块有机结合，整体配色统一。

图4-1-6　3D打印笔产品设计

如图4-1-7所示是一款移动电源在造型上的接触模块组合，更加巧妙的是作为模块连接的缝隙也是在拉开状态时作为不同尺寸型号移动设备的充电位置。

如图4-1-8所示的调料盒设计，将象征阴阳的符码转换成调料罐，为餐桌引入禅意新趣。阴阳的造型也遵循了接触模块的组合方式。

图4-1-7　移动电源设计

图4-1-8　调料盒设计

4.1.3 连续模块组合

相同形体水平方向重复相接称为连续。可按直线方式连续，也可按折线、弧线方式连续。连续方式构成的形体，具有较强的韵律和节奏感。如图4-1-9所示的蜂蜜罐外包装设计，采用了纵向连续的木质模块，木头的温暖触感加上从传统蜂蜜拾取工具上沿用的造型，使得产品外观统一明朗。

如图4–1–10所示，充满线条韵律的餐具设计是基于西方文化背景下的茶几设计。如图4–1–11所示的茶具及包装设计如果想要表达西方艺术，必须对西方古典哲学及宗教神话史诗有所了解。

图4–1–9　蜂蜜罐的外包装设计

图4–1–10　线的连续节奏感

图4–1–11　充满韵律的西方下午茶茶具设计

如图4–1–12所示的这个有趣而且兼具机能性的柜子是纽约艺术家Sebastian Errazuriz长期专题创作中的一个作品，以数百条木条拼接组装而成，让使用者可以由柜子的中心点以波浪的形状打开柜子，透过这样的设计激发使用者的好奇心。

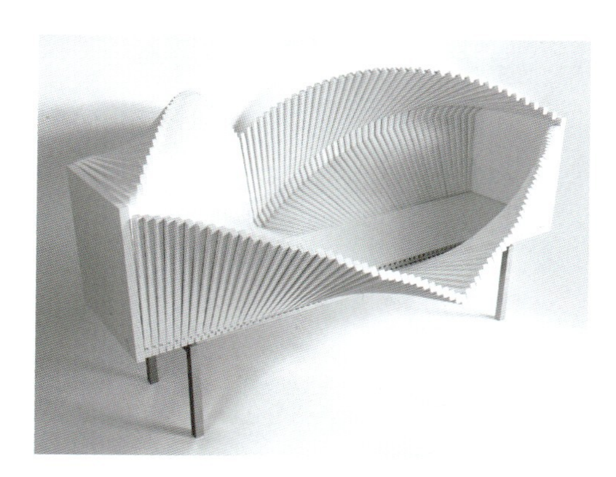

图4–1–12　像拉链一样开启的波浪收纳柜　Sebastian Errazuriz

4.1.4 渐变模块组合

按一定规律减少或增加形体的某一几何量的连续称为渐变。渐变的形体具有动感，而且形体的过渡作用明显。如图4–1–13中渐变色彩和比例大小的橱柜设计及图4–1–14中渐变韵律的座椅设计。

图4–1–13　渐变色彩和比例大小的橱柜设计

图4–1–14　渐变韵律的座椅设计

如图4–1–15所示的一款早教机设计，在显示器下半部进行渐变纹理设计，渐变不仅用于产品形态设计的整体，也可用于局部的渐变处理。

如图4–1–16所示的插花器皿设计，在形态上的渐变规律遵照对同一基本造型的不等量切割完成，形式上统一，在颜色上又略有区别，既具有同一家族基因的象征又各自独立简洁。

图4-1-15　早教机

图4-1-16　插花器皿

4.1.5 贴加模块组合

在较大形体的侧壁上，贴附较小形体的构成，称为贴加组合。贴加小形体依附贴加在主体形的侧面，侧面整体不会因贴加小形体而失去稳定，整体的稳定性取决于所有单一形体体量的均衡布置，如图4-1-17中客厅沙发贴加等组合。

图4-1-17　Hocky系列沙发

如图4-1-18所示的这款剪纸风格的杯套设计也是在造型上选取了贴加组合的方式。

图4-1-18　杯套设计

如图4-1-19所示的加热水杯的杯套设计，在造型上选用了贴加模块完成，而中间分割的线条不仅起到装饰的作用，也可在水杯加热时，从中间向两边施力脱下。

图4-1-19　加热水杯杯套

4.1.6 叠合模块组合

一个形体的一部分嵌入另一个形体的某部分之中，称为叠合。叠合方式构成的形体，具有组合形体数量最少、立体构成凹凸多变、形象生动等视觉效果。如图4-1-20中叠合小碗的形态设计，将碗和餐叉组合在一起，通过叠合的组合方式对产品的整合形态进行设计。又如图4-1-21所示叠合重复了一部分的台灯，在形态设计中对产品叠合和舒展的两种形态进行了思考。

图4-1-20　餐叉和碗壁叠合在一起的产品设计

图 4-1-21　叠合形态台灯

4.1.7 数学比例模块组合

一些经典数学比例列举也会运用到产品形态设计当中，在渐变比例数列中，斐波那契比例、等差比例、等比比例都是发散比例，只有调和比例是收敛比例，比例变化最大的是等比比例，变化最小的是等差比例，斐波那契比例和调和比例介于二者之间，调和比例比斐波那契比例更柔和。如图4-1-22所示，采用比较柔和的斐波那契比例设计变化，设计师将斐波那契数列（又称黄金分割数列）引入到柜子中，制成了竹制黄金柜。它的每一个大柜子高度都是比它小的两个小柜子的高度之和，这种完美的黄金分割比例使得它们可以紧密的相互连接在一起，形成一个整体，也可以根据不同需求，自由组合或单独使用。同时又使整体变化均匀，产生变化动感。由于整体采用同一变化比例，加上材质的一致，产品具有统一协调感。

图4-1-22 斐波那契数列结合中国传统医药柜制成的竹制黄金柜

我们今天探讨的并非是数学问题，而是设计和美。黄金比例之所以被冠名以“黄金”二字，自然是因为这个比例带来的和谐与美感。当应用到设计作品中的时候，这种比例会营造出艺术感。

黄金比例已经被我们的先辈运用了几千年，从埃及的吉萨金字塔的设计比例到雅典的巴特农神殿，从米开朗琪罗为西斯廷教堂所雕刻的亚当到达·芬奇的蒙娜丽莎，从百事可乐的logo设计到推特的logo设计，甚至我们的面孔都遵循这个数学比例（图4-1-23）。

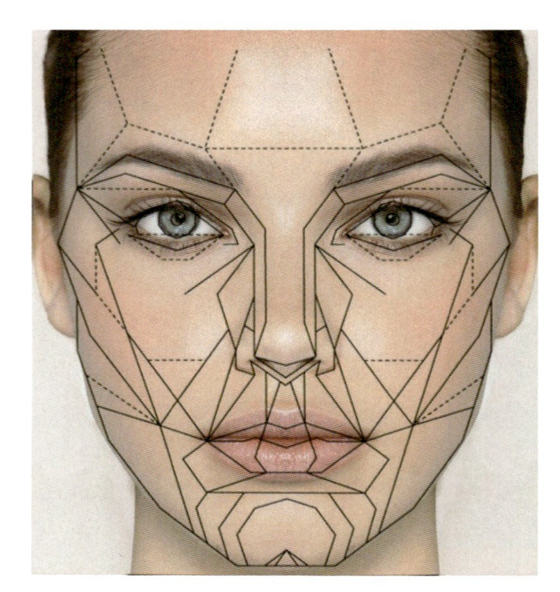

图4-1-23　人面部的黄金数学比例

事实上，我们的大脑似乎先天就比较青睐使用黄金比例的对象和图片。这几乎是下意识的吸引力，大脑甚至会对眼睛看到的事物进行小幅度的微调以靠近黄金比例，提高我们自身对于外物的记忆和印象。

黄金比例无疑可以应用于各种图形。如果你将一个正方形拉伸为一个矩形，让长是宽的1.618倍，就可以获得一个"完美"的矩形。

如图4-1-24所示的斐波那契数列交互模型由美国设计师John Edmark设计，这个数学模型灵感来自于大自然。斐波那契数列曲线所包含的数列遵循的规律是，每个数字都是前两个的和：0、1、1、2、3、5、8、13、21、34 、55、89、144……这是一个隐藏着黄金比例的神奇递回数列，在自然中到处都看得到它的身影。蕨类植物的茎、鲜花、贝壳，甚至飓风，这个漂亮的样式在自然界中几乎无处不在。这也就是为什么我们会觉得它们在视觉上有着无与伦比的吸引力的原因，因为它们在自然界中是最好的。

图4-1-24　斐波那契数列交互模型

如图4-1-25所示的表款是由HUBLOT与伦敦刺青工坊Sang Bleu合作的表款。这家刺青工坊大有来头，其主脑Maxime Büchi（简称MxM）来自瑞士，被认为是当代最杰的出的刺青艺术家，连潮流教主Kanye West都曾半夜去找他刺青，同时他还与LV、McQueen等时尚大牌合作。其代表作就是由大胆前卫的几何图案延伸而出的复杂构图，让人联想起达·芬奇的著名素描画《维特鲁威人》（*Vitruvian Man*），追求和谐均衡、比例完美、对称美学，对几何符号几近崇拜的地步。而HUBLOT也放手让MxM完全重新设计Big Bang腕表，在造型中加入几何效果的斜角线条，表圈也由原本的圆形改为六角形，赋予Big Bang腕表视觉上更加立体的3D效果。阿拉伯数字字形也是MxM专为这款腕表而全新设计的。而且为了强调神秘性格，面盘上没有任何指针，而由面盘上三个层层相叠的镀铑八角形碟盘来显示。

图4-1-25　数学八角造型分割表盘设计

如图4-1-26所示的这款玩具积木树，把数学、自然、个人系谱整合起来，和孩子产生互动，设计师Johannes Molin来自斯堪的纳维亚半岛。

图4-1-26　Infinite Tree来自斯堪的纳维亚的“玩的礼物”　Johannes Molin

树的中心杆可以360° 旋转，可以得到一个扭曲的螺旋形状，也可以得到一个纯粹的金字塔。转变木“叶”的角度，可以变幻成任何你想象得到的造型，是典型的可以激发孩子创造性思维的“玩的礼物”。

4.2 基于功能组合化的产品形态设计

4.2.1 类似功能组合产品形态设计

一些产品的造型设计基于将类似功能整合的方式，使得整体产生各种不同的效果，如图4–2–1所示，是由设计工作室 StudioGorm 所开发的系列家具，以道格拉斯冷杉、栎木、白蜡木、铁杉、胡桃木等高级原木材

图4–2–1　原木组合家具

质，每个组件以最精简的结构组成，所有的组件可以自行交互搭配产生出不同的配置方式，不用时可以吊挂在墙壁上，以减少收纳所需的空间。除此之外，组装家具的同时又可以享受如同玩积木一般的DIY乐趣，聪明又有创意！

4.2.2 不同功能组合产品形态设计

如图4–2–2所示为小米智能家庭套装，包括一个多功能网关、一个无线开关、一个人体感应器以及由两个硬件模块组成的门窗传感器。体积最大的多功能网关，是整个家庭套装的中心，负责连接套装内的其他硬件模块并接入网络，利用手机可对套件进行控制和监测。通过小米的智能家庭App，将套装与手机连接起来，实现对套装的控制和检测提醒。

图4–2–2 小米智能家庭套装

除多功能网关外，其他硬件模块都比较迷你。就外观而言，最小的形似两粒大小不同的药片的是门窗传感器，其中较大的模块是门窗传感器主体。

顾名思义，门窗传感器负责检测门窗开启或关闭情况，通过背胶将两个模块粘贴在门窗上，模块间通过磁性感应门窗的闭合情况，并实时传送至多功能网关。当没人的家里门窗出现异常时，可通过多功能网关将提醒发送至手机。

曲奇饼干般大小的无线开关也同样较为迷你，包裹式的键帽设计，使得无线开关具有一体化的外观效果，看上去较为简洁。

无线开关可实现的功能不止一种：可充当普通无线开关，控制无线网关彩灯的开启或关闭；可控制其他小米智能硬件的开关；还可充当门铃开关，此时多功能网关摇身变为了门铃，不在家的时候，亦能在手机上接收到家里有人按门铃的提醒。

圆柱形的人体传感器除可用于家庭防盗外，还可通过设置与其他硬件模块联动，实现更多的功能，还可通过人体传感器激活多功能网关的彩灯模式或是开启智能灯泡。试想一下，将人体传感器置于床边，半夜从懒洋洋的梦中醒来，只需双脚着地，即可开启多功能网关彩灯模式，而无须摸黑寻找开关。

事实上，小米智能家庭套装的功能远不止上述所言。通过App自定义各传感器触发，甚至可以预设并定时开启不同的模式，既可成为家庭防盗助手，让你的生活更为便捷，还可以连接诸如智能插座等更多的小米智能家居设备。

小米智能家庭套装的乐趣在于其灵活的组合方式。此外，较为完善的智能家庭生态圈也造就了其较高的可玩性。而且小米智能家庭套装内的所有硬件模块安装都较为简单，无需大动干戈破坏原有家居格局的方式值得称赞。

实际使用中，智能摄像机（图4-2-3）的画质虽算不上高清，但对监控录影使用已经足够。在手机客户端的监控画面下，可直接滑动时间轴随意翻看过往的视频监控内容。

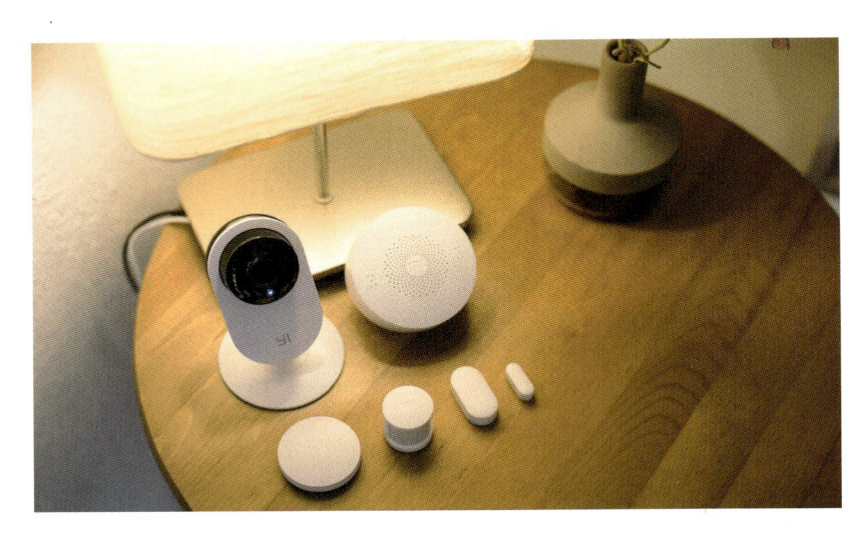

图4-2-3　智能摄像机

小米智能家庭套装和小米智能摄像机是面向家庭的小型安保系统。多功能网关是系统中枢，手机则是系统的监视和控制终端，这样既降低了安保成本又增强了其灵活性，为家居安全添了一份保障。除了初次配对成功率并不算高以外，二者的稳定性都是值得赞许的。外观上略带简约的无印良品风格，不太抢眼，使人不易感受到它的存在。

小米并没有为其智能家庭套装赋予一个明确的定位，用户可以根据喜好和需求，选择符合自己的使用方向，这在无形中扩大了产品的受众。

4.2.3 基于用户体验功能的产品形态设计

产品的形态设计要想达到与用户交互的预期目的，在设计的初期就应该对产品的动态使用过程有一定的考虑。基于用户体验的产品形态设计也许是通过一定时间的消逝带来某种肉眼可见的互动，也许是通过对产品形态的物理造型进行一定部分的改变，这样的产品形态无论是从时间、空间还是物理上都会产生“变化”的效果。基于用户体验的产品形态设计对产品形态的变化过程有预想的考虑。

如图4-2-4所示，让瓷器来证明旅行的魅力。

图4-2-4　“雕梁画栋”瓷器旅行包装设计体验

如图4-2-4所示的瓷器，有白有蓝，外表普通，但伦敦产品设计师Ying Chang突发奇想，让它们在前往纽约设计周的途中，通过货运木箱内“雕梁画栋”的各式器具，刻画出独特的奔放纹路。在运送瓷器的摇晃、搬动与距离的整体过程中，借由里面的器具，作用出绝无仅有的一件件美丽作品。

在这一系列的旅行器具中，其中之一叫“损坏”，相较于一般包装强调保护的特性，它的任务就是刮花瓷器表面，完全挑战完美美学；“地震仪”则是用一根根排列整齐的笔，在瓷器尽情摇摆时，挥洒自如，而最终的呈现样貌，宛如侦测到地震波时的震动纪录。即使同一路线、同种包装运送模式，每一瓶瓷器拆封后，都能带来不同的视觉感受。看完这一系列的作品，你或许已经体会到，旅行真的能够带来改变的力量，而且你永远不知道在路上，你会遇到怎样的人和事，最后的收获究竟为何，这将会是很有趣的体验过程。

设计师李赞文所推出的台灯《衡》（*Heng*），外观看起来和Dyson的无扇叶电风扇有点类似，走的都是简单的单框造型，不过设计师在台灯开关方面运用了一点小小的巧思，利用磁铁相吸的原理，将放在桌面的小球往上抬，就会与悬挂在空中的小球相互吸引，当两个小球在空中悬浮，达到平衡状态时，灯就会慢慢点亮（图4-2-5）。

图4-2-5　台灯——衡

台灯一共有三种款式，分别是方形、圆形和椭圆形，虽然设计师把灯泡藏在薄薄的木框里，会令人有些担心光线到底够不够用，感觉是设计感大于实用度的产品，但是这么有趣的开灯方式，还是非常值得放在客厅或是房间的一角，享受一下这种对抗地心引力的高难度平衡关系，看着小球在空中微微摆荡着，好像心思也会默默地从纠结成一团的心事中慢慢摆脱出来，十分“治愈”（图4-2-6、图4-2-7）。

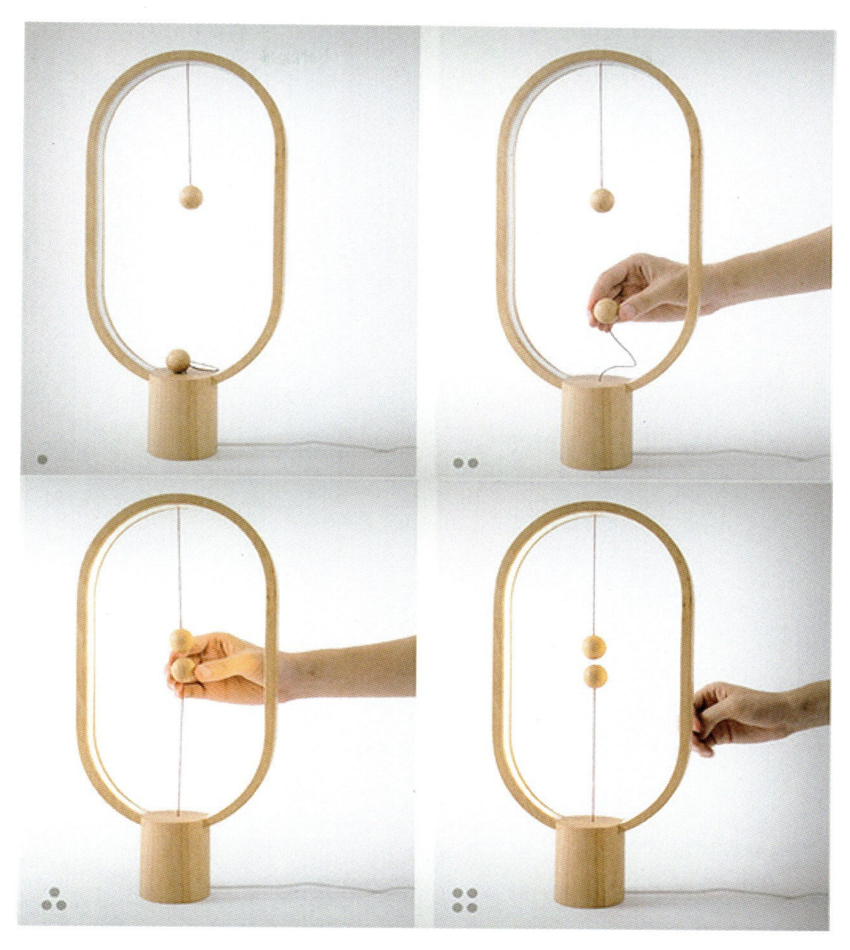

图4-2-6　木球磁吸原理

图4-2-7　细节

挪威设计师Falke Svatun，创造了优雅的Aerial极简浮空落地灯（图4-2-8）。落地灯由LED光源、花岗岩及粉末喷涂钢架组成，由厚实沉稳的圆形花岗岩和一个锥形元素作为坚实可靠的底座，可以通过移动花岗岩与灯架之间的连接点，来调节灯罩的高度以及灯架的弯曲曲率。

图4-2-8　落地灯零件

它可以充满硬气地挺直胸膛，远远离开地面并跃向浮空，在半空中取得自己的一席空间，独自居高临下地俯视整个空间，独立、高傲、洒脱（图4-2-9）。

图4-2-9　落地灯使用形态

日裔纽约设计师Masamune Kaji设计的这款可以与使用者互动的装饰家具Kachi-Katah以日式插花为启发，让使用者在动手组合的过程中去体验“无常、缺陷与不完全”的哲理。当组合完成后，使用者可以自由移动、排列经过设计的椅背，负空间的装饰创意让使用者可以依照心情或是居家空间来自由点缀（图4-2-10）。

图4-2-10　日式插花折叠椅　Masamune Kaji

思考与练习

命题：家用通讯产品的组合化设计。

练习形式：调查市场、研讨问题、撰写调查报告、绘制形态草图和效果图。

调研考虑问题：

① 近十年来个人或家庭通信产品在形态方面的发展变化；

② 通信产品变形的方式，通过图片或手绘图说明；

③ 注意每一种组合方式使用的铰链类型，了解其原理；

④ 绘制设计效果图。

第5章　产品形态设计的方法

5.1 产品形态设计的依循规律

5.1.1 变化与统一

变化与统一是形式美的总法则，也是产品造型设计的基本规律之一，被广泛应用于造型活动中。“统一”强调物质和形式中各种要素的一致性、条理性和规律性；“变化”强调各种要素间的差异性，要求形式不断突破、发展，是创新的要求。变化与统一是一对不可分割的矛盾体，体现了人类生活中既要求丰富性，又要求规整、连续、统一的基本心理需求。视觉活动中，过于单一而平板的形象容易引起视觉疲劳，导致心理的反感，因而适度的变化总是令人愉悦的，在视觉中会产生舒适与美的感受。

在产品造型设计中，变化与统一作为统摄各种艺术处理手法的基本原则得到了广泛的应用，在实际应用过程中表现在对产品整体基本形态和局部细节关系的把握和处理上。人对事物的认识和把握总是遵循由大到小、由整体到局部的规律，如果产品基本形态过于复杂，使人难以把握其中的规律和秩序，就会造成知觉系统的负担，从而使人丧失兴趣。因此，产品的基本形态不宜设计得过于复杂，要有一个比较具主导性的结构秩序便于理解和把握，强调产品整体形态的统一性、秩序性。与此相补充，就要求在产品形态的局部细节处理上，尽量做到丰富与变化，突破单调，激发人对细节的探索兴趣。二者相辅相成，协调发展，不能厚此薄彼。设计中如果只重视局部的变化，而缺乏对整体统一性的考虑，就会造成形态的支离破碎；相反，如果只重视整体的协调与统一，忽视细节的变化与调整，就会造成形态的呆板、单调与乏味。因此，在产品形态设计中要同时兼顾整体形态的秩序性和细节局部的丰富性。

图5-1-1　变化与统一在产品设计中的运用

此外，还要注意基本形态和细节之间要具有和谐统一的关系，这就要求围绕产品设计的概念，针对市场和目标用户的特点，选择合适的设计语言，使产品形态达到多样性与和谐性的统一。在设计系列产品形态的过程中也要注意合理处理个体间的差异与系列的统一之间的关系，要注意保持系列产品间共同的特征，要注意相似形态与不同功能表达之间的巧妙结合，也要注意细节设计上的区别（图5-1-1）。

5.1.2 对称与均衡

对任何一种艺术形式来说，平衡都是极其重要的，不平衡的设计会给人们造成一种挫折感。平衡是人的生理需要，一个人失去平衡，就无法生存。人除了要求自身的平衡外，还要求周围环境也具有平衡感。平衡给人稳定、安全、可靠、平静的心理感受。对称和均衡是两种经常被使用的达到造型视觉平衡的手法。

在看不对称的物体时，人依靠视觉的流动来寻找平衡感，这往往使人感到压迫和分心，造成视觉上的疲劳。所以，人们都有一种要求两边对称的心理。对称是自然界中最为普遍的一种现象，包括人类自身在内，还有许多动物、植物、非生物，甚至细胞结构等都表现为对称的形式。对称有轴对称和中心对称两种形式。轴对称是以直线为对称轴，直线两边形态对称的形式，如蝴蝶的翅膀，人的脸和人体外形、骨骼，日常用品和大量的古代建筑形式等，古代城市规划都是中轴对称的。中心对称是以中心点对称的形式，如辐射效果。从心理学角度来看，对称满足了人们生理和心理上对平衡的要求，给人稳定、庄严、整齐、秩序、安宁、信赖的感觉，这种形式最古老，也最实用。但对称的价值又是有限度的，如有些物体太微小或太大、太分散，对称对于它们就无价值。这里主要研究的是轴对称，它是一种极稳定的形式，在生物学和物理学上是完美的形态，也是产品形态设计中常用的手法。轴对称也是一种严肃和传统的形态，象征着正统和庄严。对称的形式在设计中比较保险，容易被接受，但创新难度大。水杯通常都是对称的，不带手柄的以中心为对称点，带手柄的以手柄为轴左右对称，但使用的时候却往往只用一只手，使用的感觉是不平衡的。Richard Hutten为2岁的儿子设计的水杯有两个像耳朵一样的大手柄，可以两只手握起来喝水，可以保持喝水的平衡而不让水倾倒出来，他想以此鼓励小孩主动多喝水（图5–1–2）。

图5–1–2　对称在产品设计中的运用

均衡是对称结构在形式上的发展，是对称的高级形式，由形的对称转化为力的对称，体现为“异形等量”的外观。在设计表现中，均衡是一种比较自由的形式，使人感觉活泼、自由、富于变化，是一种非对称的平衡。均衡分为物理均衡和心理均衡。物理均衡是一个物体上的各种作用力相互抵消为零的状态；心理均衡指视觉上的刺激使大脑视皮层中生理力的分布达到可以互相抵消的状态，感觉到平衡。人类对平衡的感知往往是通过眼睛的直觉观察获得的，是一种心理感知上的平衡，与物理平衡并不一致。

在形态设计中主要追求一种视觉心理上的均衡，是根据形态体量、大小、色彩、材质等因素来判断的。在设计中，主要是通过视觉重心的合理布局来实现视觉的均衡（图5–1–3）。

图5–1–3　均衡在产品设计中的运用

5.1.3 比例与分割

比例是人们在长期的生产实践和生活活动中以人体自身的尺度为中心，根据自身活动的方便性总结出的各种尺度标准。对产品而言，比例就是指产品各个部分之间、部分与整体形态之间的数比关系。在产品形态创造活动中，一直运用着各种比例关系，如等差数列、等比数列、黄金分割比等。符合比例的产品形态具有一种内在的生命力，使人感到和谐与美。按照一定的比例关系处理分割产品各部分的关系也是产品形态设计常用的手法，如书本、电影银幕、电视屏幕等经典产品的长宽比就是按照黄金分割比关系确立的。其他一些产品细节和整体的比例关系也遵循着各种比例关系（图5–1–4）。

图5–1–4　佳能相机设计

5.1.4 节奏与韵律

节奏指视线在时间上所做的有秩序、有规律的连续变化和运动，节奏性越强越具有条理美、秩序美。柏拉图认为能感受到节奏是人类所特有的能力，人能通过优美的节奏感到和谐美。产品形态的节奏表现为形体、色彩、肌理等造型元素既连续又有规律、有秩序的变化。它能引导人的视觉运动方向，控制视觉感受的规律变化，给人的心理造成一定的节奏感，并使人产生一定的情感活动。

韵律指在节奏的基础上更深层次的有规律的变化统一。韵律是表达动态感觉的造型方法之一，在同一要素反复出现时，会形成运动的感觉，使画面充满生机，给一些凌乱的东西加上韵律，则会产生一种秩序感，并由这种秩序的感觉与动势萌发生命感。对于产品形态设计来说，经常用造型要素的反复出现来表现韵律（图5-1-5）。

图5-1-5　富有节奏和韵律的产品设计

像其他艺术和设计形式一样，产品形态设计也会打上时代的烙印。由于每个时代的审美观念都是不断变化的，形态设计要考虑流行因素的影响，跟上时代审美的步伐。当代产品设计已经抛弃了大批量生产、大众化款式的经营方式，取而代之的是小批量、多品种、差异化的方式，为了适应新的生产方式，产品造型风格也发生了相应的变化。归纳起来，多元文化背景下的现代产品造型趋势如下。

（1）简约几何造型占主导地位

人类的内心总是在寻找一种平衡的生存状态。当今社会，人们周围的物质世界变得越来越复杂，生活节奏加快，来自社会、环境、工作、生活的压力也越来越大，于是人的内心深处就有一种寻找平衡的要求，希望生活中面对的事物是单纯、简单、富有亲和力的。同时，科技的迅猛发展，产品的极大丰富，使消费者对产品的品位得到提升。面对科技带来的越来越人性化的生活，科技感的简约几何造型自然也就受到了人们的欢迎。这就是产品造型简约几何形式占主导地位的心理基础。

简约不等于简单，与当代科技的强强联合，使得简约成为现代科技感的代名词，单纯的几何形态通过高科技的材料、光色、工艺技术等，创造出无穷的同现代生活精神相符合的新形式。简约几何造型代表了单纯的生活态度，富有逻辑的生活秩序，自然具有良好的亲和力，受到时代的欢迎（图5-1-6）。

图5-1-6 简约几何风格产品

（2）尺度迷你化

“迷你”是Mini的音译，中文意思是小型、微小，当然像其字面传达的意思一样，还有可爱、流行的意味。无论是迷你裙、MINI汽车、Mac mini还是迷你电话、迷你音响等，都成了流行与时尚的先锋。

产品尺度迷你化的出现与流行并不是偶然现象，而是必然趋势。首先，技术的进步，微型电路的出现，精细加工工艺的推广，使得迷你化成为可能。其次，拥挤、流动的城市空间要求生活产品尽可能小巧、方便携带或移动。再次，人性化的生活需求，要求产品无时无刻都要关怀着人的生存，要将人从各种负担中解放出来，尺度迷你化很好地适应了这方面的要求。最后，随着人类环保意识和可持续发展观念的提高，产品尺度迷你化可以节约对能源的消耗和对环境的污染，最大限度地实现可持续发展的目标。

经典的迷你设计案例有很多，从中不难看出，尺度迷你化的产品形态亲切可人，受到了市场的欢迎，取得了巨大的经济和社会效益。如苹果公司推出的Mac mini计算机，就以其极为小巧、精致的外形创造了IT界的奇迹，成为市场和流行的引领者（图5-1-7）；为应对燃油危机而设计的经济省油的小型汽车MINI，从诞生之日起，就以其小巧可爱、极具英伦复古风格的造型吸引了大批崇尚精致生活品质人群的喜爱（图5-1-8）。在塑造产品形态时，既要遵循总的形式美法则造型原理，又要结合市场实际需求，掌握时代脉搏，创造出具有时代精神的产品形态。

图5-1-7 苹果公司推出的Mac mini计算机

图5-1-8　BMW MINI汽车

5.1.5 实形与虚形

从人们对产品形态的物质性感知角度来看，产品的形态包含了客观物质存在，即“形”，在本文中称之为“实形”，也包含了对产品形态之外的非物质性空间的感知，即形状之外不可见的空间，本文称之为“虚形”。

实形与虚形构成了完整的产品形态。实形是产品形体的物质化基础，虚形依附于实形而生，虚形既是功能化的，又是产品艺术美的另一种实现形式。信息社会使得实形从三维趋向于二维，虚形表现随之减少，信息带来的便捷在某种程度上削减了传统意义上人对产品的操作体验。

（1）实形

从产品的存在状态上看，实形是产品的物理化存在方式，表现为构成产品形态的诸多要素，如色彩、材质、结构、点线关系等内容。虚形是依附于实形而产生的，处在被实形的包裹之中。虚形本身没有意义，但是由于人操作产品的设计和制造，人把握的产品的空间恰恰是产品的虚形，虚形为人与产品的结合提供了合适的场所，因此具有功能上的使用意义。虚形往往是设计师对产品进行形态创新的来源，因此虚形是构成产品艺术美的重要因素。虚与实相结合冲击了人们的审美感受，使产品获得别样的生机与意境。

实形是构成产品限定空间的基本视觉要素。“设计形态具有视觉要素的空间规定性。”实形通过材质的组合，限定了一个空间范围，构成肯定的、静态的产品形状。从中人们可以感知材质的质感、密度、硬度、颜色。“形状，是被眼睛把握到的物体的基本特征之一，它涉及的是除了物体的空间位置和方向之外的外表形象。”我们可以认为实形是物体形状最主要也是最稳定的构成部分。这点成为区分实形与虚形的依据，实形是可测量的、可精确评估的，独立于人的感知而存在。而虚形依赖于人对空间的感知，它是不可测量的，对虚形的正确感知依赖于人的操作经验以及人脑的联想加工。人们通过产品形状获得对产品的初步印象，进而识别产品的结构功能和使用方式。

使用者依赖实形才得以把握产品。实形是产品存在的物质基础，也为产品的使用提供物质支撑，是人们感受形态的基本条件。鲁道夫·阿恩海姆指出：“形状不涉及物体处于什么地方，也不涉及对象是侧立还是倒立，而主要涉及物体的边界线。”产品的边界线主要由以下三部分组成，三维空间面与面的转折线、二维空间平面的分割线以及线本身的轻重高低起伏。轮廓线引导人们观察产品的视点走向，视点沿着轮廓线移动，因线形的加重而停驻。产品的主要功能部位在实形中得到重点强调，相关线、面的体量与颜色被加强，成为人视觉的停驻点，引导人们的操作行为。

实形也是区别不同产品形态特征的依据。产品的不同实形决定了产品的不同性格，面对具有类似功能的诸多产品，眼睛看得到的形态诸要素是区分不同产品的基本手段，包括色彩、图案、轮廓线、体积特征、材质，等等。以椅子为例，坐面、支撑腿、扶手、靠背是椅子基本的组成结构，设计师在设计椅子时，就风格而言，可以考虑是否需要变换靠背、扶手、坐面、靠背；从部件的连接方式看，可以考虑靠背、扶手、椅腿的组合方式，是选择联为一体，还是用活动轴连接，是否需要折叠等。

（2）虚形

虚形通过三维空间中实形的围绕而成，本身是不可见、不可触摸的，隐藏在实形之中。实形是虚形的基础；虚形依附于实形又超越实形，作为一种动态的艺术，它具有生命的形式。虚形是实形辩证统一的对立面，是“在艺术发展的更高阶段出现的不完全‘形’，恰是‘有无相生’的艺术辩证形态的深刻体现”。

产品设计中的虚形并非凭空产生，而是从产品在使用中的特点出发来进行的。一般而言，虚形有两大类型，一种是功能性虚形。这种虚形不是设计师天马行空想象的杰作，而是在分析消费者的生理特征和行为特征后所做的理性设计，是产品使用功能得以实现的必然结果。

由于消费者使用产品的行为是在一定使用空间中展开的，虚形的设计需要准确地传达产品的使用功能。因此，产品中的虚形作为填补产品与人身体接触的契合点而存在，在空间意义上代表了人对产品的涉及，很多情况下表现为人身体的负形，如将按钮做成手指的负形、鼠标的外形做成手掌的负形，使用者通过负形这种造型语言，很容易联想到产品的使用情境。产品的虚形暗示了产品的操作方法，以微软无线鼠标产品为例，鼠标的虚形，即凹陷部分，是人手的负形（图5-1-9）。

图5-1-9　微软人体工学无线激光鼠标7000

另一种是创意性虚形。此时产品对人是一种创新的冲击力，见到产品后恍然：“原来还能这样设计？”对虚形的美感体验需要经过人脑的思维再加工，要调动人的全部感官和感觉品味设计之美。虚形意味着无阻隔，没有物质化的形体封闭空间，空气在产品中自由流动，展现出自然的审美状态。如图5-1-10所示的通透系列座椅，将前后椅腿连接成一个完整形，中间透空处理，给人自然通透的美感。

图5-1-10　座椅设计的通透感

我们可以发现，很多具有虚形的优秀产品有“通”“透”的灵动气质。富有感染力的虚形形态，通过激发人们的联想，带给人们美好的想象空间和回味余地，产生丰富的情感力量，反之，乏味的虚形则使产品空洞无味。因此，虚形的重要性丝毫不亚于实形。

（3）实形与虚形的关系

中国古代辩证哲学思想就揭示了实形与虚形的关系。《老子》中有“故有之以为利，无之以为用”，并以车毂、陶器、房屋为例诠释了“有”和“无”之间的关系。“实”对应的是“有”，“虚”对应的是“无”，形式上的“无”恰恰对应功能上的“有”。二者互相渗透、互相转化并统一于产品的形态之中。

虚形打破了实形结构的静态平衡，走向动态平衡，实形与虚形共同构成了物体的完整形态。实形往往坚硬而且充实，虚形则松散而缺乏质感，二者具有冲突性，进而形成对比。结果是虚形与没有边界的环境相融合，构成“基底”，有边界限制的实形被刻意突出。封闭的实体空间由于内在结构的完整性，它的“力结构”是一个静止的区域，而虚形通过对实形的侵入、扩张、穿透，增加了形体的内在紧张感，打破了实形的静态平衡，走向动态平衡。

如果说实形告诉人们如何把握空间，虚形则提供了可让人把握的空间。实形与虚形共同构成丰富的产品体验。典型的实例是加提等人1970年设计的风行一时的“豆袋”沙发（图5-1-11）。它是一只简单的袋子，内部填充高密度的发泡聚苯乙烯泡沫粒子。整个袋子像是一个饱胀的豆袋，它的自然形态仿佛从中挖去一个人的空间，这个空间正好可以填满一个人。从中可以明显看到，人们对“豆袋”的完形感觉是“实形”——挖空后的剩余形体与“虚形”想象中填充人身体的部分共同构成的。

虚形与实形共同构成具有生命力的意境创造。无论是功能化的虚形还是结构艺术化的虚形，都带给人惊喜，激发人们探求产品、思索产品的欲望。此外，虚形使产品成为一个开放空间，自由性成为虚形的显著特征，产品不再是死气沉沉的，而是活生生的生命体，充满生机与活力，如产品设计中常用的镂空设计，恰似中国书法中的“留白”，戏剧中的“借景”，实中有虚，虚中有实，成为具有生命力的意境创造。

图5-1-11 “豆袋”沙发

5.2 产品形态设计的造型来源

5.2.1 从生活元素中提取形态

生活中充斥着大量的视觉元素和情感元素，或者可以说，人们生活在一个有声有色的世界里。很多时候，在人们自己的意识中，总会觉得某种形态承载着某种固定的事物，或者说，某种情感由固定的事物来传达。例如，当想到苹果，脑海中就自然而然地呈现出苹果应该有的那个样子以及它酸甜的味道，但是拥有苹果形态语言的事物却不一定就是苹果，比如，像苹果一样的果盘、像苹果一样的茶杯等，而酸甜的味道也不一定非要通过吃苹果才能感受得到，也许你听某首音乐、看某个故事也会有酸甜的感受。通过这个简单的例子，不难看出设计师很容易从生活中获得某种形态或情感的灵感，但是又可以通过改变拥有这些形态或情感的载体来传达出人类一定的情绪、气氛、格调、风尚和趣味的审美要求。在改造形态语言载体或情感的时候，或者说在改变人们日常生活中形成的固有认知观念的时候，设计师通过不断理解、掌握事物形态语言组合的规律、秩序，认识和熟悉周围的新鲜事物逐渐揭示社会生活中各类事物之间的联系与矛盾，揭示现实物质世界各种各样的结构形式，逐步知道如何把利用这些人们熟知的形态语言中的内在规律或秩序本身的内在尺度运用到新的造物对象上。由此，人类视觉生命景观得到了重新构筑，形态语言得以进步延续，生活同时也变得简单便利而又丰富多彩。

5.2.1.1 具体形态语言的嫁接

就生活本身而言，设计师处处开动脑筋，维持正在做事情的丰富性，也许常常在购买一枚邮票或者其他什么东西的时候，发现这种熟悉的形态语言若改变了载体，突然会变得陌生且让人感动起来。设计师必须相信，产品的购买者不必是富有的人或是对设计很有了解的人，但一定是热爱生活的人。现代材料和生产方式的灵活性和创新性，给予了设计师很多创作的灵感，设计师要做的不仅是从生活中享受快乐，更是从生活中获得创作的灵感并将其视觉语言化。生活带给设计师的灵感大致分为两个重要的方面，即意境与具体的形态。具体的形态从某种意义上说来，比意境更直接、更快捷，对于热爱生活的设计师来说，生活中的事与物之间存在着千丝万缕的联系。当这些联系被设计师认知以后，再通过或完整或组合的嫁接方法运用到新的产品上，常常让人会心一笑，也许这样的设计并没有惊天动地的震撼力，但却像涓涓细流一样沁人心脾。

日本当今知名的设计师柴田文江在谈到自己做儿童手机开发时曾这样表述自己的创意过程，“我与负责人谈过，他说女孩子手拿的手机不是银色就是黑色，就像借爸爸的东西一样，跟女孩子很不相称。听了这样的话，让我动了心。但是，最初老实说，对于十三四岁的少女不是那么了解，所以没什么信心。可是，在调查的时候发现，我遇到的女孩们，个个都是皮肤闪闪发亮，光滑柔嫩，给人一种水灵灵的感觉，同样是女孩，有拿着面包单纯天真的女孩，也有抹着指甲装大人的女孩，但是，她们都有着共同的一点就是喜欢果冻和水果。”设计师针对新产品的消费对象展开调查，把喜欢的水果形态元素嫁接到手机的形态语言上来迎合消费者，于是有了这款深受少女喜爱的水果手机（图5–2–1）。

图5–2–1　水果手机　柴田文江

很多时候，设计师从生活中获取灵感并不一定如上所述是一种刻意的行为，先有了工作目标然后去找到一个获取灵感的突破口，而常常是在观察生活中形态语言的时候找到一个另样的视角开发成一个新的产品。瑞士很多小孩都骑木制无脚踏板的自行车，而设计师Andreas Bhend设计的Miilo自行车甚至是由硬纸板装订压缩成型的，又环保又轻便，小朋友自己可以搬运（图5–2–2）。最棒的是这车可以变形，小朋友长大了，车身内的可延伸结构直接装上链条和脚踏板，滑步车变成儿童自行车，从2岁半骑到7岁都可以。

图5-2-2　多变成长脚踏车

从多变成长脚踏车形态语言的创意本源来看，从新的视角来看待固有产品的形态，常常能够激发设计师的创意灵感。一个成功的设计作品，它所需要的形态语言不一定非是设计师挖空心思的全新创想，一个热爱生活、专注生活的设计师从生活本身也能够获取灵感源泉，尽管要找寻一个新视角并不是一件信手拈来的事情，但对热爱生活的每一个人来说都是一个不错的尝试。

对于具体形态语言的嫁接，这里值得一提的是，并不是只有静止的物体才能展开新视角，运动的物体或者说一种运动的状态同样也能通过改变其形态语言的载体得到全新的诠释。人们每天都在享受生活、关注生活、充当生活的主角，但却不愿多花心思去思考能够从生活中获得什么。而作为设计师又可曾想过，产品设计与生活之间是什么关系呢？大到建筑，小到居家生活，无不留下产品设计师潜心创作的痕迹，他们的关系像不可分割的硬币的两面。产品设计是为了创造更加完美的生活方式，体会生活的需要，创造出符合人类生理、心理需求的环境，为人类的物质与精神生活增添无限生机，为生活的方便与情趣锦上添花。它始终都以它的活力、锐气、光辉、灿烂、独特性与普遍性影响着人类的生活，而生活又为设计提供了大量创作的源泉与素材，这种相依相存，自从人类开始摆脱自然的威胁，通过最根本的生产，进而对自己生存的时空、对自然、对规律、对自身能力和潜力、对自我存在的需要、欲望、理想、追求等做出相应反应后就不曾改变。设计师通过具体的感受生活，发现生活蕴含的巨大魅力，从而科学而客观地认清自己，找到人类真正的物质家园和精神家园，实现真正意义上的生活与设计的和谐统一。

组合嫁接生活元素的方法不一定只是设计师个人的创作行为，即使是全球知名的企业在产品开发时也经常从生活元素中获取灵感并通过合理嫁接的方法创造为全球接受的新产品，如伊莱克斯开发的共享冰箱（图5-2-3），是专门针对合住的年轻人所设计的组合冰箱，拥有四个独立空间砖块，对于一些在外住宿的学生是个很贴心的设计，可以避免室友之间的纷争。其设计灵感就来源于大家都很喜爱的积木，取其二者形态元素嫁接结合成现在的形态语言，既重视了家电的装饰性又结合了更多的功能。

如图5-2-4所示，经典的可口可乐瓶外形设计，是于1915年，由美国印第安纳州玻璃工厂的瑞典工程师亚历克斯·塞缪尔森（Alex Samuelson）根据《大英百科全书》中一项有关可可豆的曲线形状的图式设计发展而来的。塞缪尔森因为这一经典的设计得以在设计时尚流芳百世，虽然现在大批量的可乐已经以罐装或塑料瓶装出售。

图5-2-3　伊莱克斯共享冰箱

图5-2-4　亚历克斯·塞缪尔森所设计的可口可乐玻璃瓶

5.2.1.2 “意”的嫁接

生活中存在很多的艺术形式，如音乐、舞蹈等，人们常说某个表演是诗，是画，但其实它也是设计。正如一个个好的表演艺术作品都有着“设计”之意、“诗画”之境，一个成功的产品其设计同样需要“意”的融入。

如图5-2-5所示，由“枯山水”看“小”的产品设计。“枯山水”，顾名思义，无山无水，用的是象征的手法。从禅宗冥想的精神中构思，在“空寂”思想的激发下，形成的具有象征性的微缩庭院模式。日本人喜好的是一种来自禅宗的意境，他们无视前后左右的均衡，即几何学式的美，他们喜欢的是残缺美，不和谐，却具有玄妙的意蕴。“枯山水”的主要材料是石头、白砂和苔藓，用砂象征水，石意喻山，用大小形状各异的石头来突出生命，通过联想和顿悟来赋予景物新的含义。

图5-2-5　日本“枯山水”庭院模式

在产品设计上，这种颇具禅味的做法表现得就更加具体了。日本工业设计师Ekuan说：“设计的精髓是把许多东西放入一个小的空间而且保持一种美感。”这也是许多日本高科技设计的精髓，其目标之一就是“使多功能化和小型化同等重要，既要使物品具有许多功能又要使它体积更小，是相互矛盾的目标，但是人必须寻求矛盾的限度以找到解决方案”。诀窍是把多种功能压缩到有限的空间而不损害具有多维度的设计。日本对自然事物的态度以纤小为美，让物以“小”的形式存在，正好反映了日本的文化与禅宗谦卑的品格。VAIO笔记本是日本索尼笔记本的品牌，它不仅将基本的移动电脑的功能包含在内，也将诸如播放CD以及种类繁多的快捷键植入电脑本身。索尼强调简约，但这种简约和北欧的极简主义又有本质的不同，区别在与文化底蕴的差异。虽说形式上有些类似，但是北欧的简约更像个人主义的简单诉求，而日本是由于禅境的驱使，自然而然地如此去做。因为日本在很早以前就已经在其他方面的设计，如建筑、园林、景观设计中运用了这种风格。禅味的关键还体现在“点”的方面，如图5-2-6 VAIO笔记本的液晶屏和键盘中间的转轴部分，并非简单的机械结构，而是将电源插口和电源按键包含在其中，可以使笔记本十分简洁。

图5-2-6　VAIO笔记本

日本“正负0”设计公司设计的加湿器更是将禅味发挥到了极致。如卵石状的加湿器，好似静处在溪流深处，经过万千磨砺，方才露出浑然天成的本色。东方惯用的圆形，外部的极简韵味，更是给人无限的遐想。放在家中既是一件电器，又是一个凸显自身修养的器物，顿时让陋室充满着禅韵的味道。而设计更加“简陋”，仅仅是将中心处挖去半圆，不禁让人赞叹设计师的阅历和对生活点滴的细察与品位（图5-2-7）。

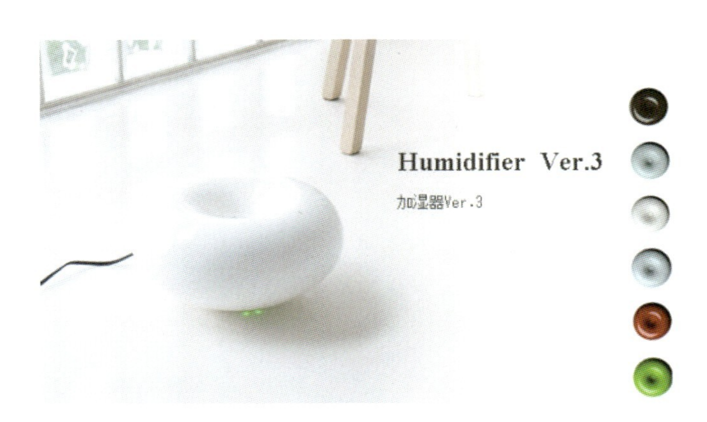

图5-2-7　“正负0”设计公司卵石状加湿器

多数人认为“整合功能在一个小体积里”仍是日本禅意在设计上的体现。而日本在自身电子技术相当发达的前提下，并不是简单将功能组合进小体积内，而是让小体积具有更大的可变性，去适应更多的环境，达到和谐的统一，正如日本独创的掌上游戏机，从简单的黑白屏到现在最新款式的PSP。但现在的PSP并不仅仅是一个游戏机，还可以看电影、听音乐，人们可以通过网上下载各种各样的新的功能，然后安装在PSP上面（图5-2-8）。PSP只相当于一个终端，它的具体形式取决于每个人的取舍。这就为消费者和产品发生进一步的体验创造了条件。

图5-2-8　PSP终端

禅宗思想不仅对日本产品设计起着推动作用，在其他地区和国家的设计中同样也有影响。明基推出的FP785+液晶显示器（图5-2-9），就在背面以郎世宁的《阿玉锡持矛荡寇图》和《仙萼长春图》两幅作品为主，将古典和现代、东方和西方进行了完美融合，具有东方韵味的禅跃然映入脑海。轰动手机设计界的摩托罗拉V3和U6，一个是超薄、一个是浑圆，纷纷成为当时主流手机效仿的对象，也形成了摩托罗拉新的设计风格。难怪设计师吉姆说，“多么希望透过凝视、聆听、触摸和独具匠心的设计自然流露出一种人性化的感觉和感悟。”日本的禅宗文化，符合了人们对自然对简单事物的追求，一种淡泊明志的处事态度，融入了禅风的产品也必然经得住时间的考验，在设计的长河中独放光芒。

图5-2-9 明基推出的FP785+液晶显示器

5.2.2 从艺术作品中提取形态

艺术家作品、想法本身就已经相当具有灵魂，如果把这些作品作为家具设计的灵感，是不是会让这些家具更富有生命呢?

如图5-2-10中上田风子的绘画作品，这位日本插画家的插画作品中，常会出现许多超现实的画面，大部分主角都是年轻的少女，纤细的身材与黑色的长直发，就如同我们印象中日本女高中生会有的样子。虽然画面黑暗又抑郁，但泛红的膝盖与少女的胴体还是吸引了不少目光。图中这张椅子前方露出微微的百褶裙与招牌泛红膝盖，坐这张椅子感觉就像坐在女高中生腿上，诡异程度和上田风子的作品氛围不谋而合。

除了圣家堂之外，高第其他的作品像维森斯之家、卡尔倍特之家、奎尔公园，等等，都有非常明显的建筑设计风格，他曾说“直线属于人类，曲线属于上帝”，于是为了追求自然，他所有的建筑作品都找不到直线。图5-2-11中的这张椅子也希望呈现高第的精神，弯弯曲曲的结构还蛮“高第”的。

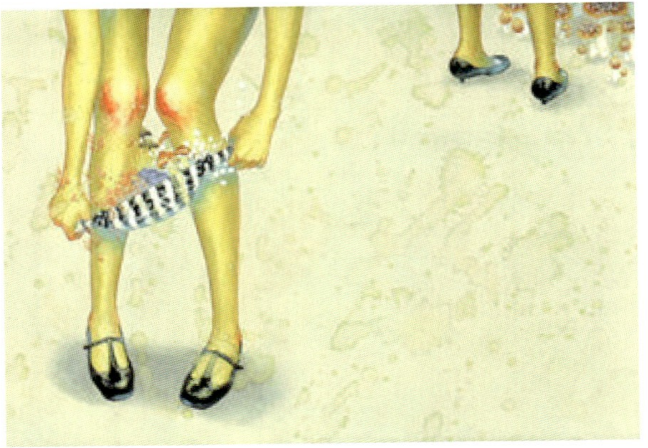

图5-2-10　形态风格来源于上田风子绘画作品的椅子

图5-2-11　形态风格来源于高第作品的椅子

M. C. Escher这位艺术家的绘画作品《升与降》中，呈现非常丰富的数学性，由分形、对称、密铺平面、双曲几何和多面体等数学概念构成，矛盾、不可能存在现实中等特点正是这位艺术家的特色，就连《全面启动》中也引用过无尽的楼梯。如图5-2-12所示的椅子的形态风格来源于《全面启动》。

图5-2-12　形态风格来源于《全面启动》的椅子

Benjamin Nordsmark 在毕加索作品发想下创作的椅子（图5-2-13），充满奇怪不合逻辑的设计，利用旧钢板与钢管切割焊接后，就成了这把也许只能看不能坐的立体主义设计椅子。

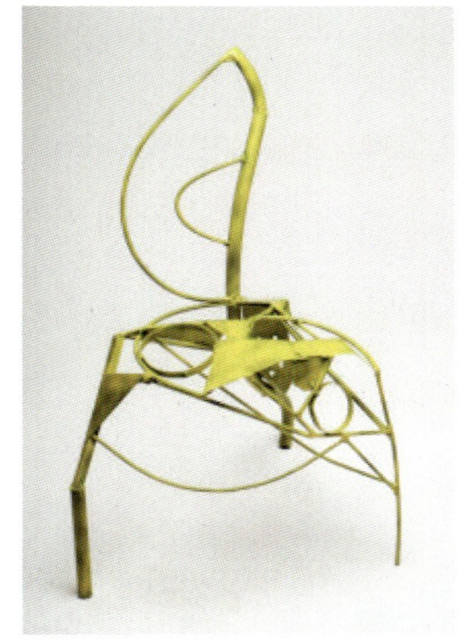

图5-2-13　形态风格来源于毕加索作品的椅子

5.2.3 从自然元素中提取形态

斯堪的纳维亚半岛茂密的森林、星罗棋布的湖泊、高耸的山脉和美丽的旷野草原深深吸引和感召着设计师们从大自然中寻找灵感。有机形态之美，与大自然亲密联系，一直以来成为斯堪的纳维亚设计的优良传统和内在特征。从雅各布森优雅高贵的蛋椅（图5–2–14）可见，斯堪的纳维亚设计成功地创造了有机形态设计的典范。

图5–2–14　雅各布森优雅高贵的蛋椅

杰出的女设计师娜娜·迪塞尔在家具设计中对几种几何要素有天生的趣味：圆弧、环状构图、有韵律的色彩排列与重复，这使得娜娜对蝴蝶极为入迷，她多年精心观察这种美妙的动物，试图从蝴蝶的飞翔中抓住一种漂浮于空中的轻松感觉，进而用到她的设计中，由此产生了一批非常美妙的家具设计经典。最令人振奋的作品是1990年设计的“蝴蝶椅”（图5–2–15），它们全然不对称的上部构件支联于变形钢足上，使观者强烈感受到一种生命的律动。

图5-2-15 蝴蝶椅 娜娜·迪塞尔

芬兰裔美国设计师埃罗·沙里宁更以斯堪的纳维亚人天然的雕塑创作倾向被称作“有机功能主义的主将”。1946年他推出传世之作“子宫椅”（图5-2-16），继而推出了郁金香系列。与自然建立亲密的关系，从大自然吸取丰富的营养和灵感，不仅使斯堪的纳维亚设计体现优雅的有机形态之美，更使设计师们形成自然共生观。通过设计消解了现代社会中对“征服自然”的机器文明的盲目崇拜，表达了人与自然和谐相处的新价值观。

图5-2-16 子宫椅 埃罗·沙里宁

丹麦哥本哈根的设计品牌Normann Copenhagen由设计师Jan Andersen、Poul Madsen创立于1999年。但它的第一个作品是2002年发布的“松果灯”Norm69，需要自行组装，将69片箔片像积木一样插入，无须借助粘贴工具，非常巧妙（图5-2-17）。灯光通过箔片发散到房间里，灯的本身也形成了具有层次感的光影。

图5-2-17　松果灯　Jan Andersen、Poul Madsen

日本设计师柳宗理设计的蝴蝶椅（图5-2-18）利用胶合板的弯曲技术，将两块相同形状的胶合板以两颗螺丝钉与一根横杆相对拼合，就像是张开翅膀的蝴蝶，形态非常优美。椅子流畅的曲线因为对称而得到强调。

图5-2-18　蝴蝶椅　柳宗理

5.3 产品形态设计的流程

产品形态设计是产品开发的有机组成部分，要进行产品形态设计，必须要深入了解产品开发的程序，明确产品开发的任务和条件。现在越来越多的工业设计师参与到了企业的战略研究和产品规划工作。随着经济全球化和信息技术的发展，产品开发充满了风险和挑战，各公司面临巨大的压力，迫使人们对产品开发做出细致的规划，按照科学的设计程序实施。设计程序是根据设计规律制定的，以保证设计目的实现的一种流程。一个定义明确的设计过程是产品开发成功的必要保证。然而，由于企业实际情况的差异，不同的企业采用的设计程序略有区别，即使是同一企业也可能对不同的开发项目遵循不同的设计过程。一般产品的开发过程如图5–3–1所示。

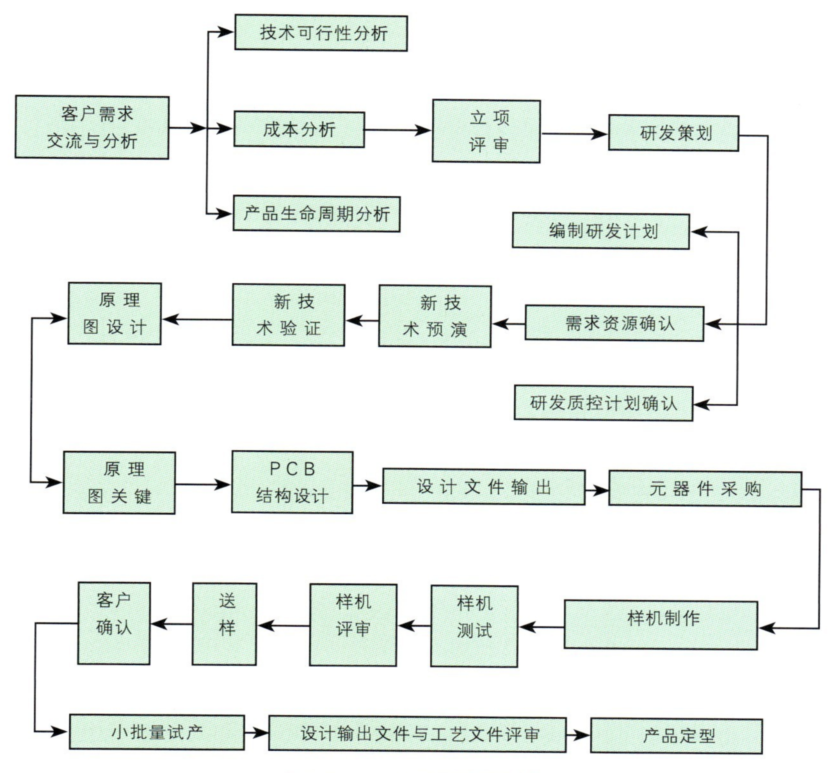

图5–3–1　一般产品的开发过程

产品设计是有目标、有计划、有步骤的创造性活动，每一个设计步骤都是一种解决问题的过程，直接关系到时间、资金、人力及设备的合理配置。在明确设计任务的前提下，要依据设计程序，合理考虑资源配置，制定切实可行的设计计划。

设计任务是设计的起点和设计评价的依据。在接受委托方的设计项目后，不仅要明确设计内容，而且要领悟委托人所要达到的设计目标和要求，做好充分的沟通工作，避免设计师和委托方之间的理解偏差。

设计任务在企业内部通常体现为设计任务书，主要包括产品描述、关键目标、细分市场、假设与约束、相关利益者等内容。

任何产品设计项目，都需要制定合理的设计计划，控制进度，保持与所有正在平行进行的工作和即将开始的行动之间的联系。

设计计划主要包括设计阶段的划分和时间分配。设计阶段的划分应以设计流程为依据，根据实际情况，灵活掌握；在时间的控制上，着重考虑每个阶段的目的、任务、要点、难点和设计资源，充分估计每个环节所需的实际时间。

设计概念是在产品概念的指导下，基于特定的产品使用对象或特定的意义，将产品的使用方法、机构、形式、色彩等构想具体化，设计概念的构想要参考市场调查和产品概念的立案过程。对产品形态设计而言，设计概念的主要内容就是明确产品视觉形象的关键信息和关键术语，一般用文字和图形相结合的方式将产品的形态语言呈现出来。

方案设计依据产品概念和设计概念实施，主要包括以下几个阶段。

（1）概念构思

概念构思是以产品概念和设计概念为基础发展的基本设计方案。在概念构思阶段，以产品语言、用户为导向及技术使用功能为基础，三者是平行发展的，并且逻辑化地组合在一起。

概念构思需要跳跃性的感性思维，允许非常规的、不平凡的构思，要延迟评判，尽可能多地获取宽泛的、可选择的、可能性的方案。工程师们重点在寻找技术的解决方案，工业设计师则集中考虑建立产品的形态。工业设计师常采用概念草图表现不同的可供选择的概念构思，概念草图的数量一定要多，只有通过大量的草图构思，才能最大限度地扩展设计师的设计思路，才有可能筛选出较为理想的设计构思。

概念草图又称“指甲图”，是一些简单的草图，具有一定的跳跃度，形式多样，往往在同一画面里既有透视图、平面图、剖视图，又有细部图甚至是结构图，如图5-3-2所示。概念草图可分为思考性草图（图5-3-3）和交流性草图（图5-3-4）。思考性草图偏重于思考过程，偏重于对形态和结构的推敲，往往是片段性的，显得轻松而随意；交流性草图用于设计团队成员之间或与设计委托人之间的信息交流，相对比较完整。

图5-3-2　汽车多角度概念草图

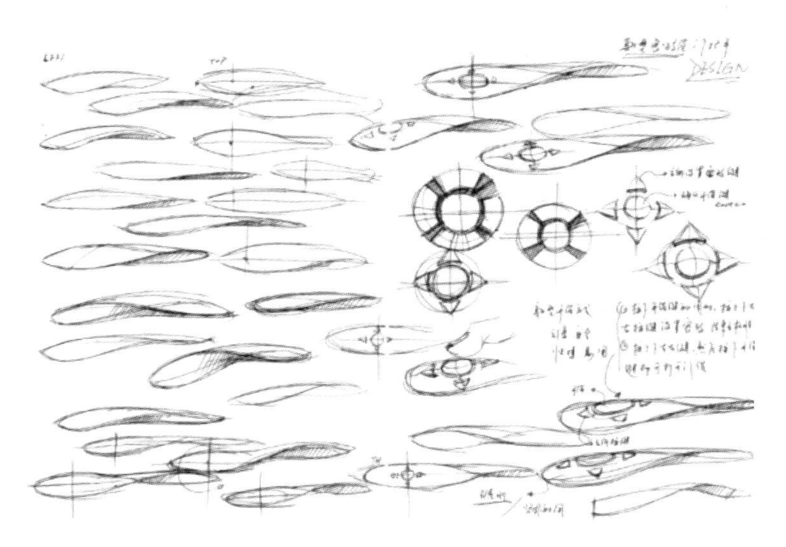

图5-3-3　思考性草图

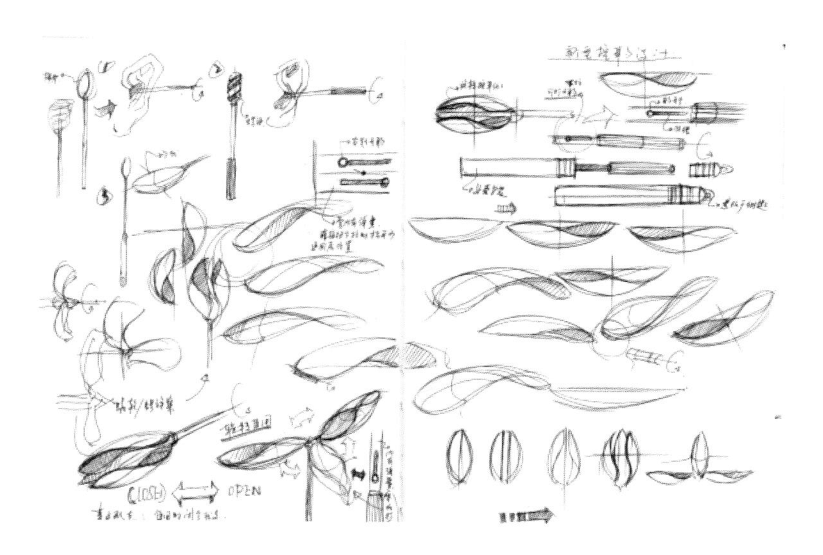

图5-3-4　交流性草图

（2）概念评价

草案评价的目的是确定设计方向，保留有价值的设计草案，以便于做进一步的深入设计。草案筛选必须以产品概念和设计概念为依据，一方面要借助于设计师的直觉和经验，另一方面要由设计团队借助草模进行评判。

草模用于构思方案的早期阶段，通常是全比例模型，但比较粗糙，不要求细部，制作的材料尽可能采用容易加工的材料，如纸制品、油泥、PU、质地较松易加工的木材等。草模的主要功能是推敲产品的形态关系、大体的比例、尺度及基本的造型结构。在条件允许的情况下，应建造尽可能多的模型（图5-3-5）。

图5-3-5　产品草模

草模评价通常是由工业设计师、工程师、市场营销人员及潜在用户，通过触摸、感受和修改这些模型而进行的。

（3）方案发展

概念构思通过筛选后，设计师就可在一些较小的范围内对概念再一步深化、发展，可通过草图细分、绘制效果图、制作模型等形式进行。

在方案发展过程中，要逐步与探索中的技术方案进行匹配和组合。同时，要兼顾客户要求、技术可行性、成本和制造等方面的因素，进行分析、比较、调整和筛选。

概念的过滤和评估是不断进行着的，其动机是寻找最合适和可行性最高的方案。通过展开、评价、收敛、再展开……使设计深入地向前发展，逐步收敛于某一特定方案。

（4）方案优化

经过方案发展阶段后，产品的形态已基本确定，但设计细节有待于进一步完善。对产品形态的细部进行重点设计和推敲，有助于提高产品设计的整体质量。福特公司的汽车设计师认为“细部设计是赋予整体形态新生命的源泉”。

在方案优化阶段，产品形态要素应以尺寸为依据，对产品使用方式、人机关系、产品结构、制造可行性和成本反复斟酌，寻求最合适的细节设计方案。

通过方案优化，确立产品形态设计方案，并以正式的产品效果图和色彩方案图予以表达。

（5）展示模型制作

为检验设计方案，减少和避免产品由二维形象向三维实体转换过程中出现的问题，进一步提炼设计方案，有必要制作产品展示模型（图5-3-6）。展示模型具有非常真实的外观和手感，非常接近最终的产品，但不具备技术功能。要求细节表达的真实和充分，要进行表面喷涂和制作表面肌理，并具备某些工作特性，如可以按动的按键、可以打开的结构等，有利于推敲和完善产品，为设计定型提供依据。

图5-3-6　产品展示模型

展示模型通常由木材、高密度泡沫、工程塑料或金属制成，随着快速成型技术的发展，各种新型材料逐渐进入模型制作领域。

展示模型可以真实地再现产品效果，用于内部展示、收集用户反馈信息，也可用于展示、陈列和推广产品。

（6）方案评价

设计方案完成后，要依据设计任务书，对设计方案进行评价，简明、客观地说明设计方案的优缺点。

对产品形态设计而言，因产品的使用功能、使用对象的不同，具体的内容和侧重点也有所不同，评估原则没有一个固定的标准，但普遍由注重实用性、功能性转向对人性、对品牌的关注以及对环境、生态的保护等方面。

设计评价的实质是主观的，评价人员可由决策者、专家、设计师、营销人员、潜在用户等构成，也可将上述部分人员进行组合，运用坐标法、语义差分法等多种形式进行评价。

（7）设计文件

设计文件主要包括设计报告、设计展示和设计制图三部分内容，是对设计工作的全面总结与汇报，不仅要注重内容的完整性与简洁性，而且要注重形式的设计感。

① 设计报告。

设计报告是设计工作的总结，是交由委托方或企业管理层决策的重要文件。设计报告要全面、精炼、突出重点，是以文字、分析、图表、草图、效果图、照片等形式组成的设计过程的综合性报告，主要包括以下内容：

a.封面；

b.目录；

c.设计任务说明与设计进程表；

d.设计调查（用户生活形态研究、同类产品比较、使用状态及使用环境分析等）；

e.产品概念与设计概念；

f.概念构思与评价（草图、草模图片及说明等）；

g.方案展开与优化（产品效果图、人机分析、技术可行性研究、色彩方案等）；

h.方案确定（外形尺寸图、展示模型照片等）；

i.方案评价。

② 设计展示。

设计展示是设计师思想的概括表达，以使相关人员充分理解设计意图。设计展示可采用设计版面或多媒体动态展示等多种形式，主要包括以下内容：

a.设计前言；

b.设计调查（用户生活形态研究、同类产品比较、使用状态及使用环境分析等）；

c.产品概念与设计概念；

d.草图与草模；

e.效果图、人机分析、技术可行性研究及色彩方案；

f.三视图、展示模型等。

③ 设计制图。

设计制图可以精确地对产品外观造型进行控制，为工程结构设计提供依据。设计制图必须严格符合工程制图的国家标准，通常较为简单的设计制图包括按照正投影法绘制的产品三视图、产品形态构成的关键零部件图（图5-3-7）。

（8）原型测试与修改

“原型”是“我们关心的一个或多个维度上对产品的一种近似”。原型测试是产品投产前必不可少的步骤，原型包括a原型、p原型和预生产原型。

a原型通常用于评估产品是否如预期工作，零件通常在材料和几何形状上与用于生产产品的零件相似，但是它们通常是用原型制作工艺加工出来的；p原型通常用于评估产品的可靠性和找出残留缺陷，经常交由顾客在预想的使用环境中进行测试，p原型的零件通常是由实际的生产工艺制造或由预期的零件供应商提供，但产品通常不是由预想的最终装配设备所装配的；预生产原型是用完整的生产工艺制造的第一批产品，被用于验证生产工艺能力，进行进一步测试并通常提供给优先顾客。

原型测试的目的是检验产品设计成果和寻找发现问题，对于出现的问题应及时解决，并修改相应的设计文件和工艺文件。

图5-3-7　产品形态构成的关键零部件图

思考与练习

命题：蓝牙音箱。

设计分析：

① 输出功能要求；

② 使用环境分析；

③ 产品基本构件选择；

④ 形态设计草案。

综上所述，首先，设计三款蓝牙音箱，其形态设计都能满足产品功能要求和构件安装要求，但由于产品采用不同的功能分割法则以及不同的连接形式，形成不同设计风格的产品。其次，运用自然界或者前人总结出的数理美学分析数学在产品设计中的运用，并运用变化与统一的设计方法设计一款小型家用电子产品。

第6章　产品形态设计案例赏析

6.1 Bagel Labs智能卷尺

（1）确定设计任务

卷尺作为一种家中必备工具，虽然实用，但却因使用方式太过老旧传统而经常被人诟病。这里要介绍的是一款加强版智能卷尺——由Bagel Labs公司设计的同名卷尺。这款卷尺以第三章提到的功能实用型产品为主导方向，以优化产品的多样使用方式为主要目的，解决了人们生活中用卷尺测量所遇到的各种问题，为使用者带来了更好的使用体验。在产品的形态外观上将整体的扁圆造型与出线口的几何造型相结合，既从实用上也从美观上进行了形态的统一，这也印证了第五章所提到的变化与统一规律，在产品统一的视觉形态上进行变化，这种变化又合乎整体形态的美感与规则（图6-1-1）。

图6-1-1　卷尺的传统使用方式

（2）草图绘制

通过对产品主要功能模块的分析，进行初步的草图绘制，如图6-1-2所示都采用了圆润的边角设计，在中间贴合手型做了凹陷处理，这是出于对人机关系的考虑。

图6-1-2　概念草图绘制

（3）概念评价

如图6-1-3所示，草模型制作选用了高密度材质，硬度适中，利于成型。借助草模型的制作，对产品的尺寸和使用方式进行进一步的优化。

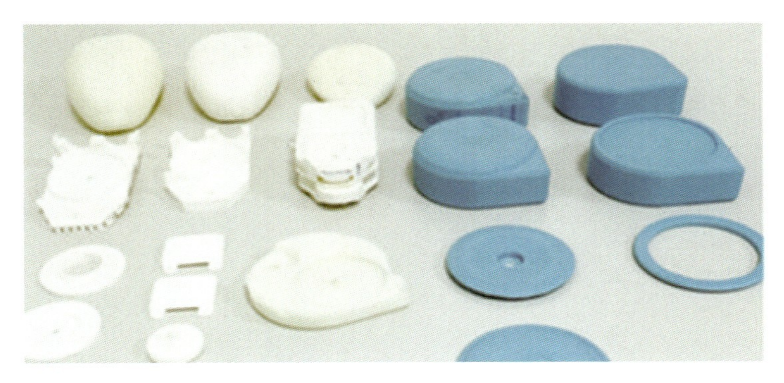

图6-1-3　概念草模型制作

（4）测试调整

在实际设计项目从设计到投产的过程中，必须增加与结构工程师相互测试调整的阶段，以使产品的外观能够适合生产工艺的限制，同时结构和功能的调整也能够最大程度上保留产品外观的需要（图6-1-4）。

图6-1-4　技术测试调整

（5）展示模型制作

经过对草模型的评价优化和功能结构上相互协调的测试调整，确定的产品形态可以进行最终的定案，展示模型的制作为产品小范围的样机制作做好了准备，如图6-1-5所示。

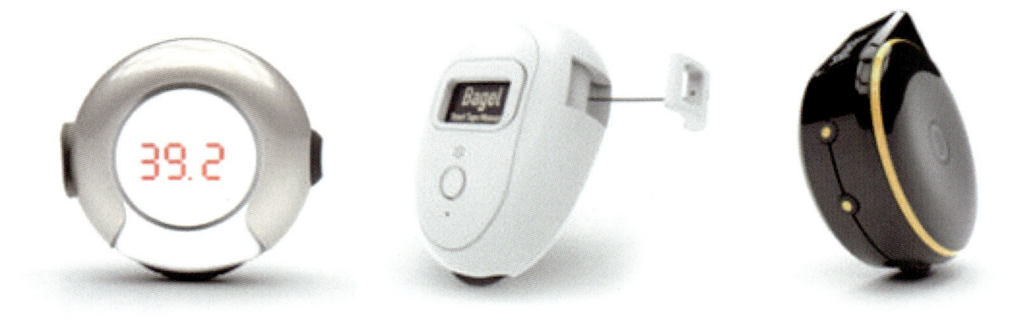

图6–1–5 展示模型渲染

产品展示模型制作成功后，为了使用户能够更好地理解产品的使用方式，要对它的使用模式进行简要说明与展示。它在使用时有三种模式可选，在图6–1–6中对三种使用模式的概念进行了简要展示。① 线（string）模式，这一模式用于测量线性长度，与传统卷尺的使用方法相同，不同的是它选用的是超高分子量聚乙烯纤维，更加坚固耐用，长度限制为3米。② 轮子（wheel）模式，在无法使用双手测量时绝对能够派上用场，只需轻轻滑动，便能记录下长度与距离，长度限制为33米。③ 远程（remote）模式，顾名思义，用于远距离的测量，利用激光射线能够轻松测量水平与垂直距离，长度限制为5米。该产品功能强大，但使用起来简单、容易上手。利用任意模式对待测物体进行测量之后，用户可以选择将长度保存，并语音录入测量的内容，然后可利用蓝牙将数据传入手机对应的APP中进行存储，并在手机端对数据进行操作。可利用USB线进行充电，有多种长度单位可以选择。

（6）原型测试与修改

原型通常用于评估产品的可靠性和找出残留缺陷，经常交由顾客在预想的使用环境中进行测试，如图6–1–7所示，是这款卷尺的使用步骤图和使用场景。第一步，确定使用三种模式中的哪一种；第二步，用声音描述你的测量数值；第三步，将数值通过蓝牙同步传输到你的手机；第四步，在产品自带的APP中记录你的使用日记。

图6-1-6 产品的三种使用模式

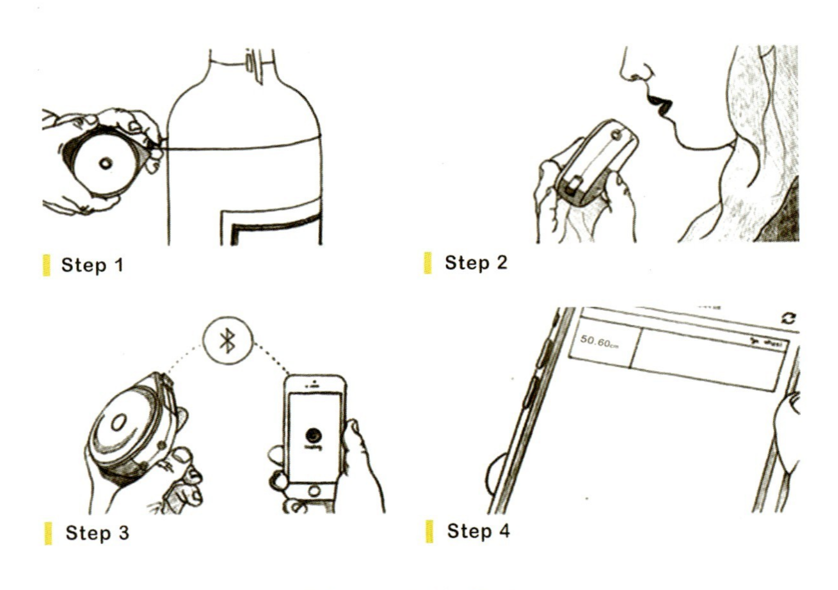

图6–1–7　原型测试与修改

6.2 Milkbox牛奶盒桌子

（1）确定设计任务

桌子是一种常用家具，上有平面，下有支柱。由光滑平板、腿或其他支撑物固定起来的家具，用于吃饭、写字、工作等日常生活。舒服且设计良好的办公桌对一个尽职的员工来说是一大鼓舞，因为在这样的桌子上，他可以自由自在地工作或从事其他活动，不会因为桌子的设计不当而心浮气躁，有助于工作效率的提升。而随着对人们心理需求的关怀，出现了一种独立办公桌，即不需要落地的屏风，直接在桌子上装有屏风设备，这种办公桌对办公室的变化极有帮助，也可以确保每个人的隐私。此外，因为桌子存放的大都是个人物品，工作人员会有“这是我的桌子”之感，进而也会对公司产生认同感。

这款名为“Milkbox牛奶盒”的桌子设计即是在这样的背景下产生的，结合本书第四章所提到的基于用户体验功能的产品形态设计，为这款产品设计了平铺边角和折叠两种形态。这款产品从保护用户空间私密性出发，将屏风一样的折叠结构由大变成微型，证实第五章中提到的从生活中提取灵感元素方法的可行性，将生活中随处可见的牛奶盒结构用新的材质和构思进行这款桌子的设计。

（2）草图绘制

如图6–2–1所示，所有的产品设计流程中都要通过草图绘制，对产品的形态和可能的使用状态进行描绘和推敲，这是设计师自检的过程，也是令设计思路更为明确的过程。

图6–2–1　草图绘制

（3）概念评价

这套带有北欧风格的桌椅设计方案，在细看之下，竟也有些许中国典雅内敛的气质，如图6–2–2效果图展示所示。但Milkbox的点睛之笔并不在此，而是要在设计过程中突出情感满足的需要，要求桌子折叠起来是个半

图6–2–2　产品效果图展示

图6-2-3　产品结构概念评价

私密的空间，平放之后完全开敞，这就需要在结构和空间上有切换的可能性，在功能上也要有一些变化。如图6-2-3产品结构图所示，这个结构既有美观性，又有实用性，这就要求设计师在概念评价阶段要考虑产品在结构上实现的可能性。

（4）测试调整

结构正是Milkbox的最大亮点，其整个产品都是依附于结构而设计，最终有了这样的外观。设计师在设计这张桌子时，为了能让它从平面围起来的时候就变成半私密的小空间，需要攻克的主要问题就是如何在结构上实现它。为此不停地做各种各样的试验，试过手风琴，试过把两端做成竹筒的样式，试过蛇腹折纸，试过蜂窝纸，也试过在木头中间穿线、拉线让桌面变成立体。很多在草图阶段已经不在考虑范围之内了，因为实现的可能性太小，有的也不美观。此外还借鉴过滴滤咖啡滤纸的结构，用在两个桌角，做了小模型，但固定问题很大，不能用木头，使用性和耐用性差很多，只能用聚乙烯。总之，创造精巧的结构离不开反复的尝试（图6-2-4）。

（5）展示模型制作

由于牛奶盒桌子的设计特点，在这一环节需要着重进行测试的是对结构的调整。产品由二维效果图变成三维实物，结合之前对结构的推敲，在这一阶段对产品的外观也有了更加精益求精的要求，最终选用了意大利进口小牛皮和手工缝合线的肌理结合，以达到更为美观的效果（图6-2-5）。

图6-2-4　方案造型的测试调整

图6-2-5 模型制作

（6）原型测试与修改

在这一阶段，设计师考虑了桌板前缘应呈圆滑状的斜边设计，或是四分之一圆设计，以避免传统的直角设计会压迫手肘部分血管的弊病。多样材质如皮革的加入让办公桌的变化更大，也呈现出更加活泼的面貌。为了达到统一的效果，桌子支撑四脚选用天然的木材纹理使得制造出来的办公桌也具有自然简朴的风格。桌子的缝制皮面环节，设计师坦言始终无法找到颜色和粗细都合适的线，于是把买到的线捻开，自己合成了粗细合适的线。正是这些反复推敲过程的累积，使得经过原型测试和修改之后的牛奶桌设计显现出更为美丽的效果。

6.3 Tuna Chair金枪鱼椅

在金枪鱼椅子的设计案例当中，重点把握了本书第五章对设计灵感的提取方式，从生活元素中提取设计形态，做到以人为本，体现了对用户舒适度的高度重视。在前期的草图构思阶段就采用了轻松诙谐的手法，最终将产品形态设计落在了金枪鱼寿司的形态和配色上，它在设计风格上践行了本书第3章第3节所提到的突出情感满足形态观和注重人机形态观两部分内容。

（1）确定设计任务

椅子的设计涉及功能、造型、材料、结构、技术、艺术等多方面要素，有深厚的理论基础和广泛的应用实践价值。椅子除了供人休息之外，还可以挂放衣物和包等，是不可缺少的家具。根据实用性质的不同，椅子包括多种形态，而且由于材料、结构等的差别，又可以形成许多不同的形式。

椅子是对人们活动起辅助作用的工具，必须能够承受人们活动带来的各种力量和冲击。设计师在设计初期就应该考虑到椅子对外部冲击的承受力，否则就不能充分体现椅子的实用功能。因此设计师应在充分了解椅子构造的基础上进行设计，以达到既美观又实用的目的。对椅子设计概念化进行设定的过程，涉及椅子的功能性、构造和材料以及形状等问题。

（2）草图绘制

如图6-3-1所示，我们可以清晰地看到设计师草图构思从生活元素中提取灵感的过程，从诙谐幽默的生活情趣中设想椅子作为坐具的多种可能性，将娱乐和玩具、安全感与舒适等关键词体现在草图构思阶段。

图6-3-1　草图绘制过程

（3）概念评价

经过第一轮的概念草图筛选，设计师对最终想要完成的椅子状态有了更具象的方向，通过对现有加工技术的分析，也对更易实现和深入的方案有了选择。在这一步的评价之后，对最终方案有了更多的修改以及最终的定稿。

（4）测试调整

进入金枪鱼椅子的测试调整阶段，设计师开始着手对骨架模型进行制作，以达到更为直观地感受（图6-3-2）。从这个骨架模型中，我们不仅可以看到产品概念的外观，还可以获得产品各种配件位置和连接的信息，如核心架构（Core）、倾斜度（Tilt）、底座（Base）、扶手（Armrest）等。这可以由设计师在设计产品并做出草图的同时，从3个角度，即曲面（Surface）、曲线（Curve）、基准面（Datum Plane）来表现。

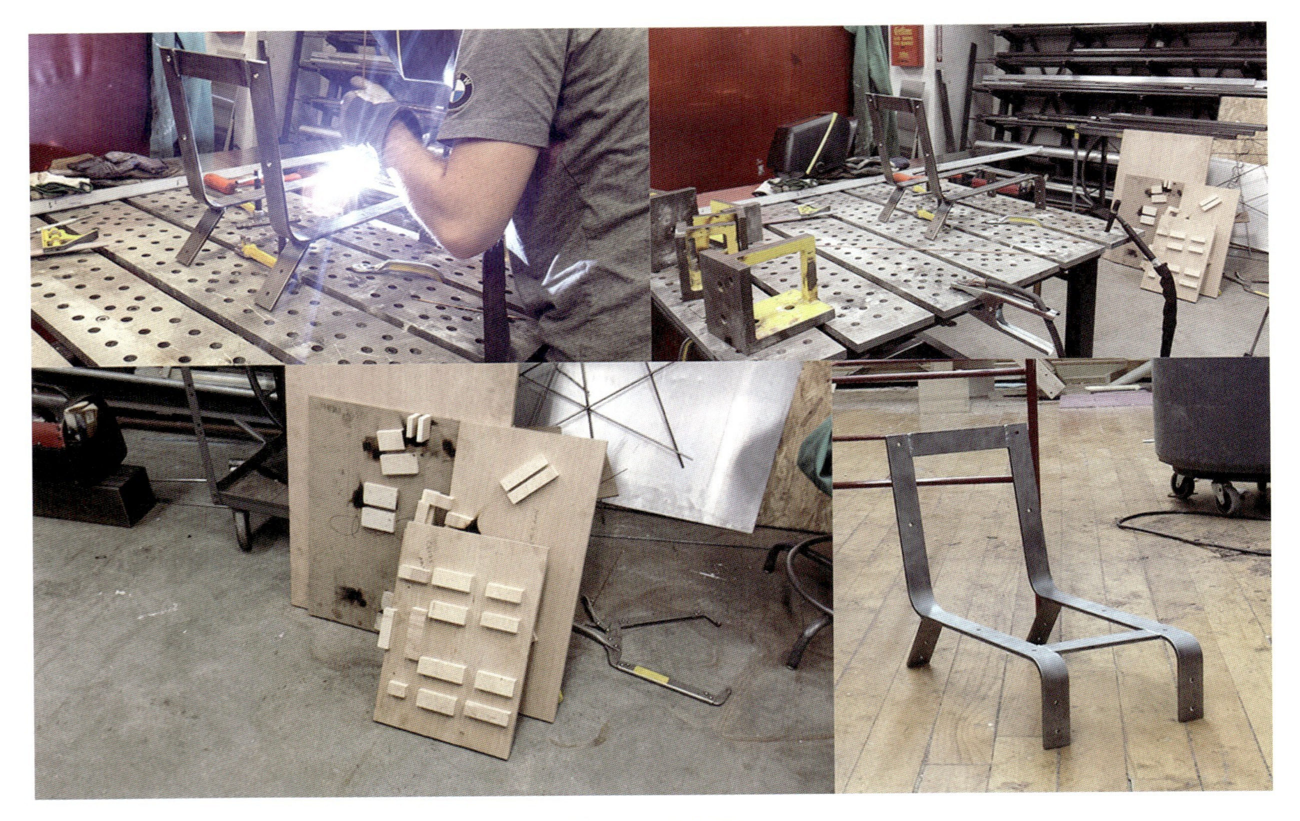

图6-3-2　骨架搭建

图6-3-3　展示模型制作

（5）展示模型制作

为了对方案进行更进一步的完善和修改，设计师与团队开始着手于展示模型的制作。在这一过程中，对产品表面喷涂工艺和产品配色等外观上的评鉴考虑开始列为这一阶段的重点（图6-3-3）。

（6）原型测试与修改

通过以上各阶段步骤完成的产品设计并不是完美的。椅子与人体结构有着密切的关系，人们对产品设计的合理性和适用性的评判是很重要的，因此应该对设计进行检验。椅子的大腿、底座（Base）部分能否稳定地支撑人体体重以及对支撑人体背部的椅背部分（Back）和扶手部分（Armrest）的检验也是很必要的。测试与修改完成后的设计作品如图6-3-4所示。

图6-3-4　金枪鱼椅

思考与练习

设计分析：以某类消费电子产品形态为例，对其设计方案流程进行分析，并在其基础上提出改进方案或结合新的设计灵感按照以下六项评价流程进行设计。

① 确定设计任务；

② 草图绘制；

③ 概念评价；

④ 测试调整；

⑤ 展示模型制作；

⑥ 原型测试与修改。

参考文献

[1] 刘国余，沈杰. 产品基础形态设计[M]. 北京：中国轻工业出版社，2007.
[2] 张凌浩，刘钢. 产品形象的视觉设计[M]. 南京：东南大学出版社，2005.
[3] 韩巍. 形态[M]. 南京：东南大学出版社，2006.
[4] Kevin N. Otto，Kristin L. Wood. 产品设计[M]. 齐春平，等，译. 北京：电子工业出版社，2005.
[5] Karl T. Ulrich，Steven D. Eppinger. 产品设计与开发[M]. 詹涵菁，译. 北京：高等教育出版社，2005.
[6] 陈炬. 产品形态语意[M]. 北京：北京理工大学出版社，2008.
[7] 顾宇清. 产品形态分析[M]. 北京：北京理工大学出版社，2007.
[8] 潘祖平. 基础造型[M]. 南昌：江西美术出版社，2009.
[9] 李妮. 产品的趣味化设计方法研究[J]. 工程图学学报，2006，27(5)：115-120.
[10] 陈晓蕙. 回归造物的原点——评说通用设计的理念、目标与实践[J]. 新美术，2004，25(2)： 63-65.
[11] 潘海啸，熊锦云，刘冰. 无障碍环境建设整体理念发展趋势分析[J]. 城市规划学刊，2007(2)：42-46.
[12] [日]朝仓直巳. 艺术・设计的平面构成[M]. 林征，林华，译. 北京：中国计划出版社，2000.
[13] 柳沙. 设计艺术心理学[M]. 北京：清华大学出版社，2006.
[14] 蔡佳辰，杨随先. 基于QFD和TRIZ的产品形态创新方法[J]. 机械设计与研究，2008，24(5)：6-9.
[15] [德]赫尔曼・外尔. 对称[M]. 冯承天，陆继宗，译. 上海：上海科技教育出版社，2005.
[16] [美]M・克莱因. 西方文化中的数学[M]. 张祖贵，译. 上海：复旦大学出版社，2005.
[17] [美]金伯利・伊拉姆. 设计几何学——关于比例与构成的研究[M]. 北京：知识产权出版社，2003.
[18] [美]梅尔・拜厄斯. 世纪经典工业设计[M]. 姜玉青，译. 北京：中国轻工业出版社，2000.
[19] [英]威廉・荷加斯. 美的分析[M]. 杨成寅，译. 桂林：广西师范大学出版社，2005.
[20] 中国机械工业教育协会组. 工业产品造型设计[M]. 北京：机械工业出版社，2002.
[21] 胡树华. 产品创新管理——产品开发设计的功能成本分析[M]. 北京：科学出版社，2000.
[22] 舒湘鄂. 工业设计的物质与非物质形态[J]. 包装工程，2004，25(4)：104-106.
[23] 杨君顺，武艳芳，苟晓瑜. 体验设计在产品设计中的应用[J]. 包装工程，2004， 25(3)：85-86.
[24] [日]初见基. 卢卡奇：物象化[M]. 范景武，译. 石家庄：河北教育出版社，2001.

责任编辑/王 积 庆
封面设计/钛元图文
终　　审/韩 玉 堂

PRODUCT FORM DESIGN
产品形态设计

ISBN 978-7-5670-1309-4

中国高教图书网　www.gaojiaobook.com
发行电话 021-51085016

公众号：gaojiaobook

定价：55.00元